新编 Access 数据库技术及应用实践教程

主　编　沈湘芸
副主编　胡　丹　杜士镕

科学出版社

北　京

内 容 简 介

本书在注重系统性、科学性的基础上重点突出实用性和可操作性，每部分都通过示例或操作方法来讲述，使读者通过完成示例的操作来提高对知识点的认识，提高操作及应用的能力。主要内容有数据库和表、查询设计和 SQL 语言、窗体设计、报表设计、宏与 VBA 应用等一系列实验，每个实验示例操作步骤详细，各章还配有习题，书后附答案，可用于读者自学练习。

本书可作为各大中专院校、职业技术院校非计算机专业学生学习数据库理论和应用的教材，也可作为 Access 数据库应用技术培训及全国计算机等级考试(二级 Access)的参考用书。

图书在版编目（CIP）数据

新编 Access 数据库技术及应用实践教程/沈湘芸主编. —北京：科学出版社，2022.1

ISBN 978-7-03-069130-9

Ⅰ. ①新…　Ⅱ. ①沈…　Ⅲ. ①关系数据库系统–教材　Ⅳ. ①TP311.138

中国版本图书馆 CIP 数据核字（2021）第 109281 号

责任编辑：胡云志　纪四稳 / 责任校对：樊雅琼
责任印制：张　伟 / 封面设计：蓝正设计

科学出版社　出版
北京东黄城根北街 16 号
邮政编码：100717
http://www.sciencep.com
北京虎彩文化传播有限公司 印刷
科学出版社发行　各地新华书店经销

*

2022 年 1 月第 一 版　开本：720 × 1000　B5
2022 年 12 月第二次印刷　印张：7 1/4
字数：146 000
定价：69.00 元（全套）
（如有印装质量问题，我社负责调换）

前　言

随着信息技术和社会信息化的发展，以数据库系统为核心的办公自动化系统、信息管理系统、决策支持系统等得到了广泛应用，数据库技术已成为计算机应用的一个重要方面。数据库技术及应用已是高等学校非计算机专业，尤其是经济类、管理类专业的一门重要公共课程。随着计算机科学技术的快速发展、高校学生计算机知识起点的不断提高、大学计算机基础课程教学改革的不断深入，2010年，在首届"九校联盟(C9)计算机基础课程研讨会"上，"985"首批9所高校提出"计算思维能力的培养"应作为计算机基础教学的核心任务。基于这样的背景，结合普通高等学校非计算机专业学生的特点，以应用为目的，以案例为导向，以任务为驱动，我们编写了本书。

本书以 Access 2010 作为应用环境，按照配套教材《新编 Access 数据库技术及应用》中各章学习要求，设置了适合非计算机专业学生的实验，注重培养和提高学生数据库的实际操作和应用能力，各章还配有习题，书后附答案。全书共6章，内容是把"成绩管理系统"开发的各个环节设计成实验内容，由6个实验环节组成，每个实验操作均根据理论教材的知识点和教学目标设计了若干实验任务。结合普通高等学校非计算机专业学生的特点，实验示例操作步骤尽量详细。通过上机实践，读者熟悉和掌握一个完整的数据库应用系统开发过程。

本书由沈湘芸主编，实验1由徐娟编写，实验2由杜士镕编写，实验3由沈湘芸编写，实验4由林世琼编写，实验5由匡玉兰编写，实验6由胡丹编写。本书案例"成绩管理系统"由周荣华老师设计，全书由沈湘芸统稿和定稿。

本书的编写得到了云南财经大学各级领导的关心和支持，在此表示深深的感谢。此外还要感谢科学出版社的各级领导和相关工作人员对本书的编辑出版。

限于编者水平，书中难免有疏漏或不足之处，诚请专家、教师和广大读者批评指正。

编　者

2020 年 7 月

目　　录

实验 1　数据库和表

实验 1.1　创建数据库

1. 实验目的

掌握数据库的创建方法和步骤。

2. 实验内容

通过使用"直接创建空数据库"的方法建立成绩管理系统数据库"成绩管理系统.accdb"。

3. 实验操作

(1) 启动"Microsoft Access 2010"应用程序，从任务窗口中选择"文件"→"新建"，再选择"空数据库"。

(2) 在"文件名"下输入数据库文件的名字"成绩管理系统.accdb"，单击"保存位置"按钮，在"文件新建数据库"对话框中，选择数据库文件的保存位置(如 C:\ac1\)，如图 1-1 所示，再单击"创建"按钮，打开"数据库"窗口。

图 1-1　创建数据库

实验 1.2　创建数据表

1. 实验目的

(1) 熟悉表的多种创建方法。

(2) 掌握使用表设计器创建表的方法。

(3) 掌握通过直接输入数据的方法创建表。

2. 实验内容

(1) 使用表设计器创建"学生档案"表结构，如图 1-2 所示。

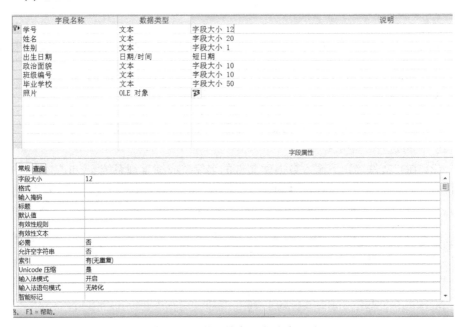

图 1-2　"学生档案"表设计视图

(2) 在"学生档案"表中输入数据，如图 1-3 所示。

(3) 通过直接输入数据的方法创建一个课程名表，表名为"课程名"，如图 1-4 所示。

3. 实验操作

(1) 使用表设计器创建"学生档案"表的表结构。

① 打开数据库"成绩管理系统.accdb"。

学号	姓名	性别	出生日期	政治面貌	班级编号	毕业学校	照片
201805001234	段文	男	1999/5/21	群众	计机18-1	北京4中	
201805001235	孙俊波	男	2000/10/25	团员	卓计18-1	太原2中	
201805001236	方哲楠	女	1999/11/20	预备党员	信息18-1	昆明3中	
201805001237	祝玉坤	男	1998/6/9	团员	信息18-1	大理1中	
201805001238	李锦恒	男	2000/11/3	团员	计机18-1	思茅2中	
201805001239	曾源	男	2000/1/6	团员	计机18-1	昆明12中	
201805001240	徐盛	男	1999/9/16	团员	信安18-1	曲靖2中	
201805001241	杨娅	女	2001/4/20	团员	信安18-1	水富3中	
201805001242	张佳然	女	1999/7/9	团员	物网18-1	昆明5中	
201805001243	郭凯	男	2000/1/25	团员	物网18-1	明德中学	
201805001244	陈清泉	男	2000/8/21	群众	信息18-1	大理2中	
201805001245	徐达	男	1998/1/17	团员	信息18-1	洱源1中	
201805001246	张梦云	女	2001/5/26	团员	卓计18-1	昆14中	
201805001247	郭梦晗	女	2000/7/12	预备党员	卓计18-1	昆明8中	
201805001248	何清	女	2000/4/23	团员	计机18-1	昆明1中	□!
201805001249	姜妍	女	2000/5/19	团员	物网18-1	思茅1中	
201805001250	谭青	男	1999/7/27	党员	卓计18-1	衡阳3中	
201805001251	龙晓天	女	1998/7/8	团员	计机18-1	龙泉1中	
201805001252	苏畅	女	2000/3/19	团员	物网18-1	宣威1中	
201805001253	赵巍	男	2000/7/20	团员	卓计18-1	玉溪1中	
201805001254	另灵灵	女	2001/11/21	预备党员	计机18-1	昭通1中	
201805001255	杭航	女	2000/12/2	团员	信息18-1	弥勒1中	
201805001256	蔺瑶	女	1999/12/25	团员	信息18-1	桂林2中	
201805001257	肖平乐	男	2001/2/16	团员	卓计18-1	德州5中	
201805001258	言喻	女	2000/3/20	团员	信息18-1	湘潭1中	

图 1-3　"学生档案"表中的记录

课程编号	课程名	课程类别	学分
1	高级语言程序设计	通识	3
10	信息安全数学基础	必修	2
11	电路与电子技术	必修	4
12	C#程序设计	通识	3
13	Excel高级应用	任选	2
14	计算机审计	任选	2
15	电子商务物流管理	任选	2
16	创业基础	任选	1
2	计算机导论	必修	3
3	物联网导论	必修	3
4	信息安全导论	必修	3
5	计算机基础及应用	通识	3
6	Java语言程序设计	必修	4
7	Web开发技术	限选	3
8	操作系统原理及安全	限选	4
9	数据结构	限选	3

图 1-4　"课程名"表

② 在"数据库"窗口中，选择"表"→"表 1"，再选择"视图"→"设计视图"按钮，打开"表设计"窗口。

③ 参照表 1-1 所示字段属性内容依次定义每个字段的名称、类型及长度等参数。单击"文件"→"另存为"，将其保存为"学生档案"表，单击关闭按钮，再单击"确定"按钮，结束表的创建，同时"学生档案"表被自动加入数据库"成绩管理系统.accdb"中。

表 1-1　　"学生档案"表的字段属性

字段名称	数据类型	字段大小	其他属性
学号	文本	12	主键
姓名	文本	20	
性别	文本	1	
出生日期	日期/时间	短日期	
政治面貌	文本	10	
班级编号	文本	10	
毕业学校	文本	50	
照片	OLE 对象		

(2) 在"学生档案"表中输入数据。

① 在"数据库"窗口中，双击"学生档案"表对象，在"数据表"视图中输入数据，如图 1-3 所示。

② 插入照片 OLE 对象。选择第一个学生照片数据位置，单击右键选择"插入对象"→"新建"→"Bitmap Image"，打开画图软件，将外存储设备上的学生照片依次复制保存，退出画图软件。

③ 选择"文件"→"保存"命令，保存学生档案表的记录。

(3) 通过直接输入数据的方法创建一个课程基本情况表，表名为"课程名"。

① 打开数据库"成绩管理系统.accdb"，在"数据库"窗口中选择"表"作为操作对象，选择"创建"→"表"按钮，创建"表 1"。

② 双击"表"→"表 1"，进入"表 1"窗口，如图 1-5 所示。

③ 在"表"窗口中，直接输入"课程名"表的数据内容，如图 1-4 所示。系统将会根据用户所输入的数据内容，自动定义新表的结构。

④ 单击"保存"按钮，进入"另存为"窗口，输入表名"课程名"，单击"确定"按钮，结束表的创建，如图 1-6 所示。

图 1-5　"表"窗口

ID	课程编号	课程名	课程类别	学分	单击以添加
1	1	高级语言程序设计	通识	3	
2	10	信息安全数学基础	必修	2	
3	11	电路与电子技术	必修	4	
4	12	C#程序设计	通识	3	
5	13	Excel高级应用			
6	14	计算机审计			
7	15	电子商务物流管理			
8	16	创业基础			
9	2	计算机导论			
10	3	物联网导论			
11	4	信息安全导论	必修	3	
12	5	计算机基础及应用	通识	3	
13	6	Java语言程序设计	必修	4	
14	7	Web开发技术	限选	3	
15	8	操作系统原理及安全	限选	4	
16	9	数据结构	限选	3	
*	(新建)				

另存为

表名称(N):

课程名

确定　取消

图 1-6　"另存为"窗口

⑤ 在数据库中选中该表，单击"视图"→"设计视图"，打开该表的设计窗口。

⑥ 重新定义每个字段的"字段名称"、"数据类型"及"字段大小"等相关属性，如表 1-2 所示。删除"ID"字段。

表 1-2　"课程名"表的字段属性

字段名称	数据类型	字段大小	其他属性
课程编号	文本	5	主键
课程名	文本	50	
课程类别	文本	5	
学分	数字	整型	

⑦ 单击设计窗口的关闭按钮，保存对该表设计的修改，返回数据库窗口。

使用直接输入数据的方法创建表，这种方法操作方便，但字段名很难体现对应数据的内容，且字段的数据类型也不一定符合设计者的思想。因此，用这种方法创建的表，还要经过再次修改字段名称和其他字段属性后才能完成表的设计。

实验 1.3　设置数据表的字段属性

1. 实验目的

(1) 为数据表设置主键。
(2) 掌握修改表字段属性的方法。
(3) 掌握设置"输入掩码"属性。
(4) 掌握设置字段的"有效性规则"和"有效性文本"属性。

2. 实验内容

(1) 设置"学生档案"表的"学号"字段为"主键"。
(2) 设置"课程名"表的"课程编号"字段为"主键"。
(3) 设置"学生档案"表的"学号"字段输入掩码为"999999999999"。
(4) 设置"学生档案"表的"性别" 字段有效性规则为""男" Or "女""，有效性文本为"请注意性别只能输入"男"或者"女"!"；设置"课程名"表的"学分"字段有效性规则为">=1 and <=4"，有效性文本为"学分范围在 1 到 4 之间!"。

3. 实验操作

1) 设置主键

(1) 打开数据库"成绩管理系统.accdb"，选择"学生档案"表为操作对象，单击"设计"按钮，进入"表"结构设计窗口。

(2) 在"表"结构设计窗口中，选定可作为主键的字段"学号"，单击右键，选择"主键"选项，或选择工具栏中的主键按钮，则该字段被定义为主键，在该字段的前面会自动出现一个主键符号，如图 1-7 所示。

字段名称	数据类型
▸ 学号	文本
姓名	文本
性别	文本

图 1-7　设置主键

（3）保存"学生档案"表，结束主键的创建。

（4）按照上面的步骤将"课程名"表的"课程编号"字段设置成"主键"。

2）设置输入掩码属性

在数据库窗口中，单击"表"对象。在设计视图下打开"学生档案"表，单击"学号"字段，在"输入掩码"文本框输入"999999999999"，如图1-8所示。

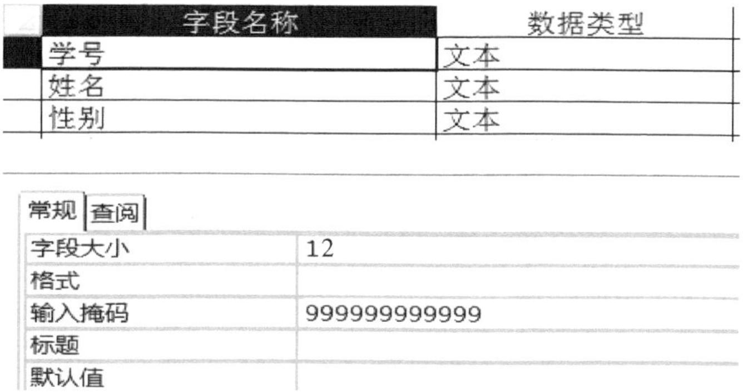

字段名称	数据类型
学号	文本
姓名	文本
性别	文本

常规 | 查阅

字段大小	12
格式	
输入掩码	999999999999
标题	
默认值	

图 1-8　设置输入掩码属性

3）设置字段的"有效性规则"和"有效性文本"属性

在数据库窗口中，单击"表"对象。在设计视图下打开"学生档案"表，单击"性别"字段，在"有效性规则"文本框输入""男" Or "女""，在"有效性文本"文本框输入"请注意性别只能输入"男"或者"女"！"，如图1-9所示。

参照以上步骤设置"课程名"表的"学分"字段有效性规则为">=1 and <=4"，有效性文本为"学分范围在 1 到 4 之间！"。

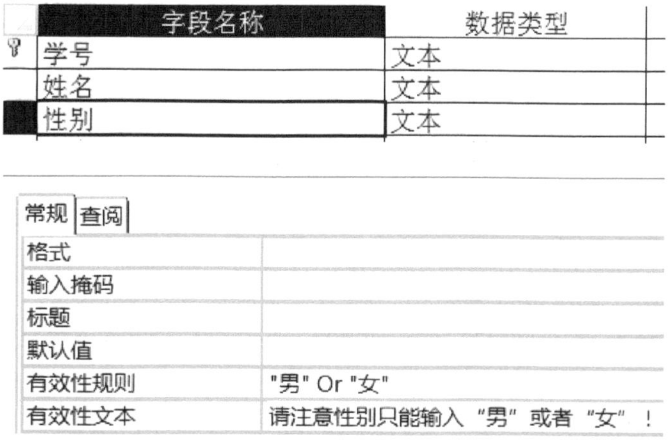

字段名称	数据类型
学号	文本
姓名	文本
性别	文本

常规 | 查阅

格式	
输入掩码	
标题	
默认值	
有效性规则	"男" Or "女"
有效性文本	请注意性别只能输入"男"或者"女"！

图 1-9　设置有效性规则和有效性文本属性

实验 1.4 导入导出数据

1. 实验目的

(1) 熟悉将各种数据导入数据表中的方法。
(2) 熟悉将数据表中数据导出为各种文件的方法。

2. 实验内容

(1) 将已经建好的 Excel 文件"学生选课及成绩 1.xlsx"导入"成绩管理系统.accdb"数据库中，数据表的名称为"学生选课及成绩"，设置主键为"学号"和"课程编号"。

(2) 将已经建好的文本文件"教师授课信息 1.txt"导入"成绩管理系统.accdb"数据库中，数据表的名称为"教师授课信息"，设置主键为"课程编号"和"教师编号"。

(3) 将已经建好的数据库文件"b.accdb"中的"教师档案"表导入"成绩管理系统.accdb"数据库中，数据表的名称为"教师档案"。

(4) 将数据表"教师档案"导出为 Excel 文件。

(5) 将数据表"课程名"导出为文本文件"课程名.txt"。

3. 实验操作

(1) 将已经建好的 Excel 文件"学生选课及成绩 1.xlsx"导入"成绩管理系统.accdb"数据库中，数据表的名称为"学生选课及成绩"，设置主键为"学号"和"课程编号"。

① 打开"成绩管理系统.accdb"数据库，在数据库窗口中选择"外部数据"→"导入并链接"组中的"Excel"命令按钮，弹出"获取外部数据-Excel 电子表格"对话框。

② 在"浏览"中指定文件所在的文件夹及文件名(该文件已经存在)，如图 1-10 所示。打开文件，再单击"确定"按钮。在"导入数据表向导"中选择工作表"学生选课及成绩"，如图 1-11 所示。

③ 在"导入数据表向导"中勾选"第一行包含列标题"复选框，单击"下一步"按钮，弹出"导入数据表向导"的下一个对话框。

④ 如果不准备导入"学号"字段，在"学号"字段单击鼠标左键，再勾选"不导入字段(跳过)"复选框。在此不勾选，完成后单击"下一步"按钮，弹出"导入数据表向导"的下一个对话框，如图 1-12 所示。

图 1-10 指定导入文件的"文件类型"

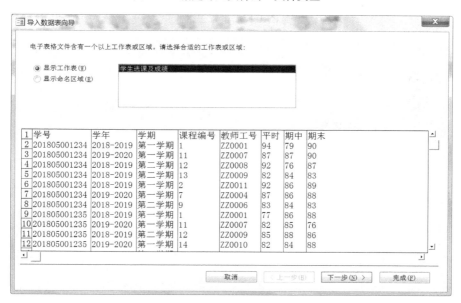

图 1-11 选中"学生选课及成绩"

⑤ 在图 1-12 中选中"不要主键"单选按钮，再单击"下一步"按钮，弹出"导入数据表向导"的下一个对话框，指定将数据导入表"学生选课及成绩"，如图 1-13 所示。

⑥ 单击"完成"按钮，弹出"导入数据表向导"结果提示框，提示数据导入已经完成。完成之后，"成绩管理系统.accdb"数据库会增加一个名为"学生选课及成绩"的数据表，内容来自"学生选课及成绩 1.xlsx"的数据。

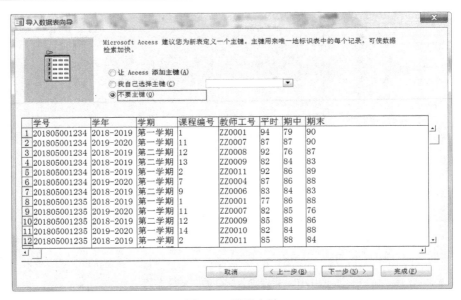

图 1-12　设置主键

图 1-13　指定数据表的名称

　⑦ 选择"学生选课及成绩"表为操作对象，单击"设计"按钮，进入"表"结构设计窗口，设置主键为"学号"和"课程编号"。

　(2) 将已经建好的"教师授课信息 1.txt"导入"成绩管理系统.accdb"数据库中，数据表的名称为"教师授课信息"，设置主键为"课程编号"和"教师编号"。

① 打开"成绩管理系统.accdb"数据库，在数据库窗口中选择"外部数据"→"导入并链接"组中的"文本文件"命令按钮，弹出"获取外部数据-文本文件"对话框。

② 在"浏览"中指定文件所在的文件夹及文件名(该文件已经存在)，如图 1-14 所示。打开文件，再单击"确定"按钮。在"导入文本向导"中选择文本文件"教师授课信息 1"。

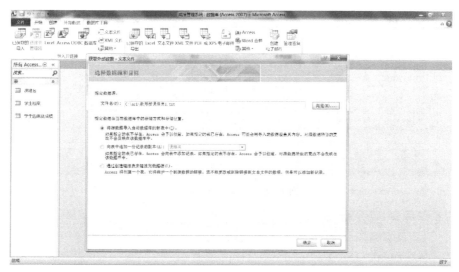

图 1-14 指定导入文件的"文件名"

③ 在"导入文本向导"对话框中勾选"带分隔符-用逗号或制表符之类的符号分隔每个字段"，如图 1-15 所示，单击"下一步"按钮，弹出"导入文本向导"的下一个对话框。

④ 在"导入文本向导"对话框中勾选"第一行包含字段名称"复选框，如图 1-16 所示，单击"下一步"按钮，弹出"导入文本向导"的下一个对话框。

⑤ 若不准备导入"学年"字段，则在"学年"字段单击鼠标左键，再勾选"不导入字段(跳过)"复选框。在此不勾选，完成后单击"下一步"按钮，弹出"导入文本向导"的下一个对话框。

⑥ 选择"不要主键"单选按钮，再单击"下一步"按钮，弹出"导入文本向导"的下一个对话框，指定将数据导入表"教师授课信息"。

⑦ 单击"完成"按钮，弹出"导入文本向导"结果提示框，提示数据导入已经完成。完成之后，"成绩管理系统.accdb"数据库会增加一个名为"教师授课信息"的数据表，内容是来自"教师授课信息 1.txt"的数据。

⑧ 选择表"教师授课信息"为操作对象，单击"设计"按钮，进入"表"结

图 1-15　选取"带分隔符"

图 1-16　选取"第一行包含字段名称"

构设计窗口，设置主键为"课程编号"和"教师编号"。

(3) 将已经建好的数据库文件"b.accdb"中的"教师档案"表导入"成绩管理系统.accdb"数据库中，数据表的名称为"教师档案"。

① 打开"成绩管理系统.accdb"数据库，在数据库窗口中选择"外部数据"→"导入并链接"组中的"Access"命令按钮，弹出"获取外部数据-Access 数据库"对话框。

② 在"浏览"中指定文件所在的文件夹及文件名(该文件已经存在)。打开文件，再单击"确定"按钮。在导入对象中选择表 "教师档案"，如图 1-17 所示。

图 1-17 指定导入对象

③ 单击"确定"按钮，再单击"保存步骤"中的"关闭"按钮，将数据表导入表"教师档案"。

(4) 将数据表"教师档案"导出为 Excel 文件"教师档案.xlsx"。

① 打开"成绩管理系统.accdb"数据库，在数据库窗口中选择"外部数据"→"导出"组中的"Excel"命令按钮，弹出"导出-Excel 电子表格"对话框。

② 指定文件所在的文件夹及文件名，如图 1-18 所示。单击"确定"按钮，再单击"保存步骤"中的"关闭"按钮，将数据表导出为工作表"教师档案.xlsx"。

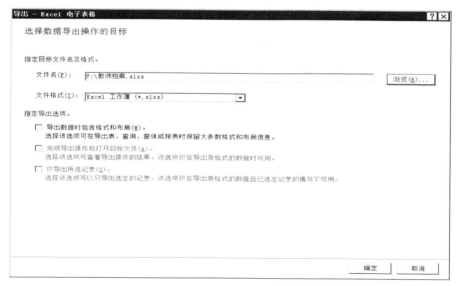

图 1-18 指定导出文件的"文件名"

(5) 将数据表"课程名"导出为文本文件"课程名.txt"。

① 打开"成绩管理系统.accdb"数据库，在数据库窗口中选择"外部数据"→

"导出"组中的"文本文件"命令按钮，弹出"导出-文本文件"对话框。

② 指定文件所在的文件夹及文件名。在"导出文本向导"对话框中勾选"带分隔符-用逗号或制表符之类的符号分隔每个字段"，单击"下一步"按钮，在对话框中勾选"第一行包含字段名称"复选框。

③ 单击"确定"按钮，再单击"保存步骤"中的"关闭"按钮，将数据表导出为文本文件"课程名.txt"。

实验 1.5　常用数据表操作

1. 实验目的

掌握 Access 常用的数据表操作。

2. 实验内容

(1) 将"学生档案"表中的学号信息列隐藏或者冻结。
(2) 将"学生选课及成绩"表按课程编号进行排列。
(3) 筛选"学生档案"表中是"团员"的学生。

3. 实验操作

1) 将"学生档案"表中的学号信息列隐藏或者冻结
(1) 打开"学生档案"表，选中"学号"列。
(2) 选择"开始"→"记录"组其他命令中的"隐藏字段"(或"冻结字段")命令，便可以将所选的列隐藏(或冻结)，而选择"取消隐藏字段"(或"取消冻结所有字段")，则可以将隐藏(或冻结)的列恢复，如图 1-19 所示。
(3) 单击"保存"按钮，完成设置。
2) 将"学生选课及成绩"表按课程编号进行排列
(1) 打开"学生选课及成绩"表，选中"课程编号"字段。
(2) 右击选中的列，单击"升序"排序按钮(若要降序，则单击"降序"排序按钮)，如图 1-20 所示。
(3) 单击工具栏上的"保存"按钮，可以保存排序记录。
3) 筛选"学生档案"表中是"团员"的学生
(1) 打开"学生档案"表，选中要参加筛选的字段"政治面貌"中的下拉列表按钮，选择"团员"，然后单击"确定"按钮，如图 1-21 所示。
(2) 单击工具栏上的"保存"按钮，可以保存筛选结果。

图 1-19　其他命令

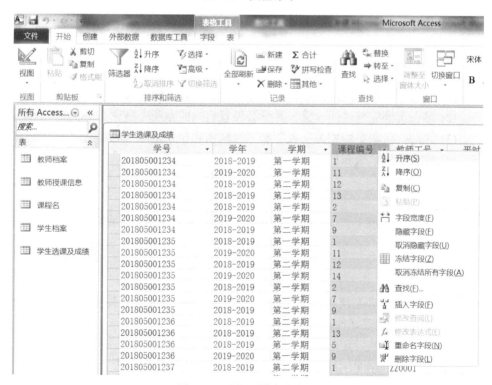

图 1-20　选择要排序的字段

图 1-21　选定筛选内容

实验 1.6　建立表间的关系

1. 实验目的

(1) 学会分析表之间的关系，并创建它们之间合理的关系。

(2) 掌握参照完整性的含义，并学会设置表间的参照完整性。

(3) 理解"级联更新相关字段"和"级联删除相关记录"的含义。

(4) 学会设置"级联更新相关字段"和"级联删除相关记录"。

2. 实验内容

分析"成绩管理系统.accdb"数据库中各表之间的关系，创建各表之间科学合理的关系。

3. 实验操作

分析"成绩管理系统.accdb"数据库中各表之间的关系，创建各表之间科学合理的关系。注意设置好各表的主键。

(1) 打开"成绩管理系统.accdb"数据库。

(2) 使用"数据库工具"→"关系"按钮 ，打开"关系"窗口。

(3) 在"显示表"对话框中，单击"学生档案"，然后单击"添加"按钮，接着使用同样的方法将"课程名""学生选课及成绩""教师档案""教师授课信息"添加到"关系"窗口中。

(4) 选定"学生档案"中的"学号"字段,然后单击鼠标左键并拖曳到"学生选课及成绩"中的"学号"字段上,松开鼠标左键,弹出如图 1-22 所示的"编辑关系"对话框。

如果在定义关系时单击选中了"实施参照完整性"复选框,则为表关系启用参照完整性。实施后,Access 将拒绝违反表关系参照完整性的任何操作。

如果在定义关系时单击选中了"级联更新相关字段"复选框,则当更改主表中记录的主键时,Access 就会自动将所有相关记录中的主键值更新为新值。

注意:如果主表中的主键是一个自动编号字段,则选中"级联更新相关字段"复选框将不起作用,因为不能更改自动编号字段中的值。

如果在定义关系时选中了"级联删除相关记录"复选框,则当删除主表中的记录时,Access 就会自动删除相关表中的相关记录。当选中"级联删除相关记录"复选框的情况下从窗体或数据表中删除记录时,Access 会警告相关记录也可能会被删除。当使用删除查询删除记录时,Access 将自动删除相关表中的记录而不显示警告。

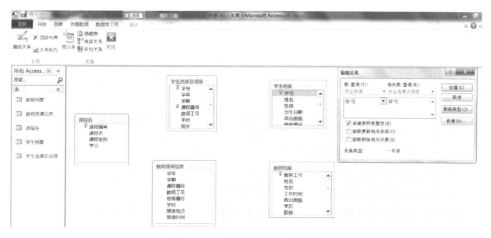

图 1-22 "编辑关系"对话框

(5) 用同样的方法,依次建立其他几个表间的关系,如图 1-23 所示。

(6) 单击"关闭"按钮,这时 Access 询问是否保存布局的修改,单击"是"按钮,即可保存所建立的关系。

表间建立关系后,在主表的数据表视图中能看到左边新增了带有"+"的一列,说明该表与另外的表(子数据表)建立了关系。通过单击"+"按钮可以看到子数据表中的相关记录。

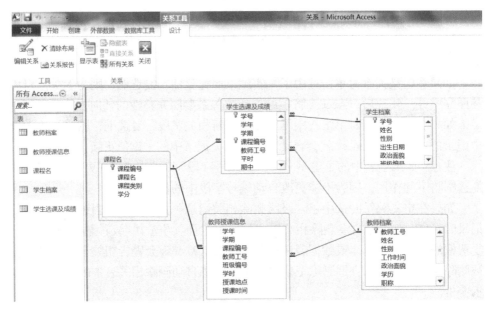

图 1-23　建立关系

习　　题

一、选择题

1. Access 提供的数据类型，不包括(　　)。
A. 通用　　　　　　B. 备注　　　　　　C. 货币　　　　　　D. 日期/时间
2. 建立索引的目的是(　　)。
A. 可以快速地对数据表中的记录进行查找或排序
B. 可以加快所有的操作查询的执行速度
C. 可以基于单个字段创建，也可以基于多个字段创建
D. 可以对所有的数据类型建立索引
3. Access 可以导入或链接下列(　　)数据源。
A. Access　　　　　B. FoxPro　　　　　C. Excel　　　　　D. 以上皆是
4. 利用 Access 2010 创建的数据库文件，其默认的扩展名为(　　)。
A. .accdb　　　　　B. .DBF　　　　　C. .FRM　　　　　D. .MDB
5. Access 数据库中存储和管理数据的基本对象是(　　)，它是具有结构的某个相同主题的数据集合。
A. 窗体　　　　　　B. 表　　　　　　C. 工作簿　　　　　D. 报表
6. 在 Access 数据库中，表就是(　　)。

A. 关系　　　　　B. 记录　　　　　C. 索引　　　　　D. 数据库

7. 下列选项中错误的字段名是(　　)。

A. 已经发出货物　　　　　　　B. 通信地址～1

C. 通信地址.2　　　　　　　D. 1 通信地址

8. 数据表及查询是 Access 数据库的(　　)。

A. 数据来源　　　B. 控制中心　　　C. 强化工具　　　D. 用于浏览器浏览

9. 如果表中有"联系电话"字段,若要确保输入的联系电话值只能为 8 位数字,应将该字段的输入掩码设置为(　　)。

A. 00000000　　　B. 99999999　　　C. ########　　　D. ????????

10. 通配任何单个字母的通配符是(　　)。

A. #　　　　　　B. !　　　　　　C. ?　　　　　　D. []

11. 若输入文本时达到密码显示"*"号的效果,则应设置的属性是(　　)。

A. "默认值"属性　　　　　　　B. "标题"属性

C. "密码"属性　　　　　　　D. "输入掩码"属性

12. 要在输入某日期/时间型字段值时自动插入当前系统日期,应在该字段的默认值属性框中输入(　　)表达式。

A. Date()　　　B. Date[]　　　C. Time()　　　D. Time[]

13. 数据表中的"行"称为(　　)。

A. 字段　　　　　B. 数据　　　　　C. 记录　　　　　D. 数据视图

14. 默认值设置通过(　　)操作来简化数据输入。

A. 清除用户输入数据的所有字段　　B. 用指定的值填充字段

C. 消除了重复输入数据的必要　　　D. 用与前一个字段相同的值填充字段

15. 下列说法中正确的是(　　)。

A. 在 Access 中,数据库中的数据存储在表和查询中

B. 在 Access 中,数据库中的数据存储在表和报表中

C. 在 Access 中,数据库中的数据存储在表、查询和报表中

D. 在 Access 中,数据库中的全部数据都存储在表中

16. 下列选项中正确的字段名称是(　　)。

A. Student.ID　　　B. Student[ID]　　　C. Student_ID　　　D. Student!ID

17. 表示表的"列"的数据库术语是(　　)。

A. 字段　　　　　B. 元组　　　　　C. 记录　　　　　D. 数据项

18. Access 中表和数据库的关系是(　　)。

A. 一个数据库可以包含多个表　　　B. 一个表只能包含两个数据库

C. 一个表可以包含多个数据库　　　D. 一个数据库只能包含一个表

19. 可以输入任何的一个字符或者空格的输入掩码是(　　)。

A. 0　　　　　　　　　B. #　　　　　　　　　C. &　　　　　　　　D. C

20. 在关于输入掩码的叙述中，错误的是(　　)。

A. 在定义字段的输入掩码时，既可以使用输入掩码向导，也可以直接使用字符

B. 定义字段的输入掩码，是为了设置密码

C. 输入掩码中的字段 "0" 表示可以选择输入数字 0～9 的一个数

D. 直接使用字符定义输入掩码时，可以根据需要将字符组合起来

21. 要从学生关系中查询学生的姓名和班级所进行的查询操作属于(　　)。

A. 选择　　　　　　　B. 投影　　　　　　　C. 联结　　　　　　D. 自然联结

22. 下列选项中能描述输入掩码 "&" 字符含义的是(　　)。

A. 可以选择输入任何的字符或一个空格

B. 必须输入任何的字符或一个空格

C. 必须输入字母或数字

D. 可以选择输入字母或数字

23. 关于自动编号数据类型，下列描述正确的是(　　)。

A. 自动编号数据为文本型

B. 某表中有自动编号字段，当删除所有记录后，新增加的记录的自动编号从 1 开始

C. 自动编号数据类型一旦被指定，就会永久地与记录连接

D. 自动编号数据类型可自动进行编号的更新，当删除已经编好的记录后，自动进行自动编号类型字段的编号更改

24. 下面说法中，错误的是(　　)。

A. 文本型字段，最长为 255 个字符

B. 要得到一个计算字段的结果，仅能运用总计查询来完成

C. 在创建一对一关系时，要求两个表的相关字段都是主关键字

D. 创建表之间的关系时，正确的操作是关闭所有打开的表

25. 输入数据时，如果希望输入的格式标准保持一致，或希望检查输入时的错误，可以(　　)。

A. 控制字段大小　　　　　　　　　B. 设置默认值

C. 定义有效性规则　　　　　　　　D. 设置输入掩码

二、填空题

1. _____是数据库中用来存储数据的对象，是整个数据库系统的基础。

2. 在输入数据时，如果希望输入的格式标准保持一致或希望检查输入时的错误，可以通过设置字段的_____属性来设置。

3. 通过设计_____及_____复选框，可以覆盖、删除或更改相关

记录的限制，同时仍然保留参照完整性。

4._____数据类型可以用于为每个新记录自动生成数字。

5. 修改表结构只能在_____视图中完成。

6. 如果某一字段没有设置显示标题，则系统将_____设置为字段的显示标题。

7. 字段的有效性规则是在给字段输入数据时设置的_____。

8. 在同一个数据库中的多张表，若想建立表间的关联关系，就必须给表中的某字段建立_____。

9. 修改字段包括修改字段的名称、_____、说明等。

10. 备注类型字段可以存放_____字符。

11. 一般情况下，一个表可以建立_____主键。

12. 在 Access 的数据表中，必须为每个字段指定一种数据类型。字段的数据类型有_____、_____、_____、_____、_____、_____、_____、_____、_____、_____。

三、简答题

1. 简述使用表设计视图创建表的基本步骤。

2. "有效性文本"的作用是什么？

3. 在表对象中，对主键有什么要求？

4. 为什么要定义一个表和与之相关的表中的记录间的关联关系？

5. 简述实体完整性、参照完整性、用户自定义完整性。

实验 2 创 建 查 询

实验 2.1 创建简单查询

1. 实验目的

掌握利用"简单查询向导"创建简单查询的方法。

2. 实验内容

在"成绩管理系统.accdb"数据库中完成以下查询：

(1) 查询教师的信息，并显示"教师工号"、"姓名"、"性别"、"工作时间"、"职称"和"系别"字段信息。

(2) 查询每名学生选课成绩，并显示"学号"、"姓名"、"课程名"和"期末"等字段。查询名为"学生期末成绩"。

3. 实验操作

1) 查询教师的信息

分析：所建查询数据源来自"教师档案"表。

操作步骤如下。

(1) 打开"成绩管理系统.accdb"数据库，单击"创建"→"查询"组中的"查询向导"命令按钮，弹出"新建查询"对话框。在对话框中选择"简单查询向导"，再单击"确定"按钮，进入"简单查询向导"的第一个对话框，如图 2-1 所示。

(2) 选择查询数据源。在图 2-1 中，选择"表/查询"下拉列表框中的"表：教师档案"。在"可用字段"列表框中双击"教师工号"、"姓名"、"性别"、"工作时间"、"职称"和"系别"字段，就可将其添加到"选定字段"列表框中。单击"下一步"按钮，进入"简单查询向导"对话框二。

(3) 在"简单查询向导"对话框二指定查询名称。在"请为查询指定标题："文本框中输入所需的查询名称，也可使用默认标题，本例使用"教师简要信息查询"作为查询名称和标题。如果要打开查询看结果，则单击"打开查询看信息"单选按钮；如果要修改查询设计，则单击"修改查询设计"单选按钮。

(4) 单击"完成"按钮，就可看到查询运行的结果。

图 2-1　"简单查询向导"对话框一

2) 查询每名学生选课成绩

分析：所建查询数据源来自"学生档案"、"课程名"和"学生选课及成绩"3 个表。

操作步骤如下。

(1) 打开"简单查询向导"的第一个对话框，选择"表/查询"下拉列表框中的"表：学生档案"。在"可用字段"列表框中双击"学号""姓名"字段，就可将其添加到"选定字段"列表框中。

(2) 选择"表/查询"下拉列表框中的"表：课程名"。在"可用字段"列表框中双击"课程名"字段，就可将其添加到"选定字段"列表框中。

(3) 选择"表/查询"下拉列表框中的"表：学生选课及成绩"。在"可用字段"列表框中双击"期末"字段，就可将其添加到"选定字段"列表框中。

(4) 单击"下一步"按钮，进入"简单查询向导"的第二个对话框，在该对话框中，需要确定是建立"明细"查询还是"汇总"查询。建立"明细"查询，则查看详细信息；建立"汇总"查询，则对一组或全部记录进行汇总统计。本例单击"明细"单选按钮。

(5) 单击"下一步"按钮，进入"简单查询向导"的第三个对话框。在该对话框中，在"请为指定标题"文本框中输入"学生期末成绩"。单击"完成"按钮，就可看到查询运行的结果。

实验 2.2　创建交叉表查询

1. 实验目的

掌握利用"交叉表查询向导"创建交叉表查询的方法。

2. 实验内容

在"成绩管理系统.accdb"数据库中创建交叉表查询,实现统计每个班级男女生的人数。查询命名为"各班男女生人数"。

3. 实验操作

分析:该查询将"班级编号"作为行标题,"性别"作为列标题,行和列交叉处按"学号"进行计数就可以求出,因此数据源为"学生档案"表。

操作步骤如下。

(1) 打开"成绩管理系统.accdb"数据库,单击"创建"→"查询"组中的"查询向导"命令按钮,弹出"新建查询"对话框。在该对话框中选择"交叉表查询向导",然后单击"确定"按钮,进入"交叉表查询向导"对话框一。

(2) 选择数据源。在"交叉表查询向导"对话框一中,选中"表"单选按钮,从列表框中选择"表:学生档案",单击"下一步"按钮,出现"交叉表查询向导"对话框二。先双击"可用字段"栏中的"班级编号",作为交叉表查询的行标题。

(3) 单击"下一步"按钮,出现 "交叉表查询向导"对话框三,选择"性别"作为列标题。

(4) 单击"下一步"按钮,出现 "交叉表查询向导"对话框四,选择按学号计数作为统计结果,如图 2-2 所示。

(5) 单击"下一步",指定查询的名称为"各班男女生人数"。单击"完成"按钮,产生的查询结果如图 2-3 所示。

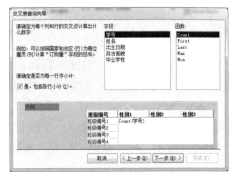

图 2-2 "交叉表查询向导"对话框

图 2-3 "各班男女生人数"交叉表查询结果

实验 2.3 创建查找重复项查询

1. 实验目的

掌握利用"查找重复项查询向导"创建重复项查询的方法。

2. 实验内容

在"成绩管理系统.accdb"数据库中完成以下查询：

(1) 查询各班级学生的人数。

(2) 利用实验 2.1 中创建的"学生期末成绩"查询，查询结果中是否有重复的"课程名"，若有则显示"课程名""学号""姓名"字段。

3. 实验操作

1) 查询各班级学生的人数

分析："学生档案"表中查看有没有重复的"班级编号"，若有，则可统计有几个。数据源为"学生档案"表。

操作步骤如下。

(1) 打开"成绩管理系统.accdb"数据库，单击"创建"→"查询"组中的"查询向导"命令按钮，弹出"新建查询"对话框。在该对话框中选择"查找重复项查询向导"，然后单击"确定"按钮，出现"查找重复项查询向导"对话框一。

(2) 选择数据源。在"查找重复项查询向导"对话框一中，选中"表"单选按钮，从列表框中选择"表：学生档案"，单击"下一步"按钮，出现"查找重复项查询向导"对话框二。

(3) 在"查找重复项查询向导"对话框二中，在可用字段中双击"班级编号"，作为包含重复值的字段，单击"下一步"按钮，打开"查找重复项查询向导"对话框三。

(4) 在"查找重复项查询向导"对话框三中不做任何选择，直接单击"下一步"按钮，查询结果将把同一班级的学生作为一组，对该组中的学号进行计数。指定查询的名称为"各班级人数统计"，单击"完成"按钮，产生的查询结果如图 2-4 所示。

注意：该查询不能统计班级人数小于 2 人的情况。

2) 利用实验 2.1 中创建的 "学生期末成绩"查询，查询结果中是否有重复的"课程名"，若有则显示"课程名""学号""姓名"字段

分析：数据源为"学生期末成绩"。

操作步骤如下。

(1) 打开"查找重复项查询向导"对话框一，选中"查询"单选按钮，从列表框中选择"查询：学生期末成绩"，单击"下一步"按钮，在出现的对话框中双击"课程名"将其添加到"重复值字段"列表中。

(2) 单击"下一步"按钮，选择重复值之外的其他字段。分别双击"学号""姓名"字段将其添加到"另外的查询字段"列表中。

(3) 单击"下一步"按钮，在出现的对话框中指定名称为"课程选修情况"。

单击"完成"按钮，就可看到查询运行的结果，如图 2-5 所示。

图 2-4　"各班级人数统计"查询结果　　　　图 2-5　"课程选修情况"查询结果

实验 2.4　创建查找不匹配项查询

1. 实验目的

掌握利用"查找不匹配项查询向导"创建不匹配项查询的方法。

2. 实验内容

在"成绩管理系统.accdb"数据库中查询没有选修课程的学生，显示其"学号"、"姓名"和"班级编号"。

3. 实验操作

分析：找到"学生档案"表中有的"学号"而在"学生选课及成绩"表中没有该"学号"的学生信息。

操作步骤如下。

(1) 打开"成绩管理系统.accdb"数据库，单击"创建"→"查询"组中的"查询向导"命令按钮，弹出"新建查询"对话框。在该对话框中选择"查找不匹配项查询向导"，然后单击"确定"按钮，出现"查找不匹配项查询向导"对话框一。

(2) 在"查找不匹配项查询向导"对话框一中，选中"表"单选按钮，从列表框中选择"表：学生档案"作为包含所有结果信息的表，单击"下一步"按钮，

出现 "查找不匹配项查询向导" 对话框二。

(3) 在 "查找不匹配项查询向导" 对话框二中,选中 "表" 单选按钮,从列表框中选择 "表:学生选课及成绩" 作为包含所有被选课程信息的表,然后单击 "下一步" 按钮,打开 "查找不匹配项查询向导" 对话框三。

(4) 在 "查找不匹配项查询向导" 对话框三中,选择两个表的共同字段 "学号" 作为匹配字段,单击 "下一步" 按钮,打开 "查找不匹配项查询向导" 对话框四。

(5) 在 "查找不匹配项查询向导" 对话框四中,选择 "学号"、"姓名" 和 "班级编号",单击 "下一步" 按钮。指定查询的名称为 "未选修课程的学生信息",单击 "完成" 按钮,产生的查询结果如图 2-6 所示。

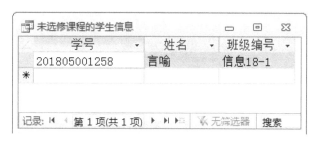

图 2-6 "未选修课程的学生信息" 查询结果

实验 2.5 创建选择查询

1. 实验目的

掌握利用查询设计视图创建查询、设置排序方式、添加计算字段的方法。

2. 实验内容

在 "成绩管理系统.accdb" 数据库中创建一个名为 "成绩总表" 查询,显示学生的 "学号""姓名",选修课程的 "课程号"、"课程名"、"期中成绩"、"期末成绩" 和 "综合成绩",其中综合成绩=平时成绩×20%+期中成绩×20%+期末成绩×60%。要求按 "综合成绩" 从高到低显示。

3. 实验操作

分析:数据源为 "学生档案"、"课程名" 和 "学生选课及成绩" 3 个表。

操作步骤如下。

(1) 打开 "成绩管理系统.accdb" 数据库,单击 "创建" → "查询" 组中的 "查询设计" 命令按钮,打开查询设计视图,并显示一个 "显示表" 对话框,如图 2-7

所示。

(2) 选择数据源。单击"表"选项卡，然后分别双击列表中的"学生档案"、"课程名"和"学生选课及成绩"，就可把这 3 个表添加到设计视图窗口上方，单击"关闭"按钮关闭"显示表"对话框。

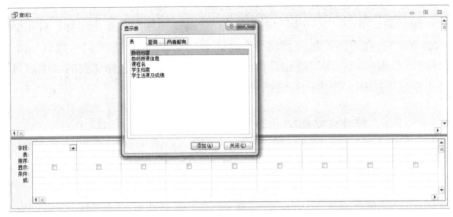

图 2-7　查询设计视图

(3) 添加字段。双击"学生档案"表中的"学号"和"姓名"，"课程名"表中的"课程编号"和"课程名"，"学生选课及成绩"表中的"平时"、"期中"和"期末"。

(4) 添加计算字段并将字段名设为"综合成绩"。在第 8 列字段行单元格中输入表达式"综合成绩: [平时]*.2+[期中]*.2+[期末]*.6"。

(5) 设置显示顺序。单击"综合成绩"字段的排序行单元格，再单击单元格右侧下拉箭头按钮，在弹出的下拉列表中选择"降序"，如图 2-8 所示。

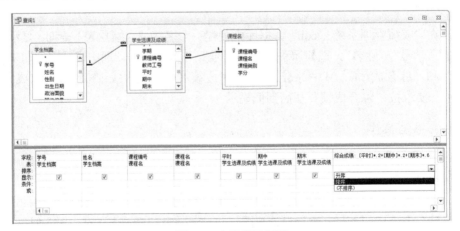

图 2-8　查询设计视图

(6) 保存该查询为"成绩总表"。单击快速访问工具栏上的 ▣ 按钮，在弹出的"另存为"对话框中输入查询名称后单击"确定"按钮即可。

(7) 单击 ! 或切换到数据表视图查看结果。

实验 2.6　创建条件设置查询

1. 实验目的

掌握利用查询设计视图创建满足条件的查询方法。

2. 实验内容

在"成绩管理系统.accdb"数据库中，查询姓张或姓王的年龄在 20～22 岁的团员学生信息，结果显示"学号"、"姓名"、"出生日期"和"班级编号"。

3. 实验操作

分析：要创建上述查询，需三个条件，一是姓名值以"张"或"王"开头，二是政治面貌值为"团员"，三是年龄在 20～22 岁。且 3 个字段值均应符合条件给定的值，故三个条件是"与"的关系。

操作步骤如下。

(1) 打开查询设计视图，将"学生档案"表添加到设计视图窗口上方。

(2) 分别双击"学号"、"姓名"、"政治面貌"、"出生日期"和"班级编号"。

(3) 设置查询条件。如图 2-9 所示，在各字段列的条件单元格下输入相应条件。

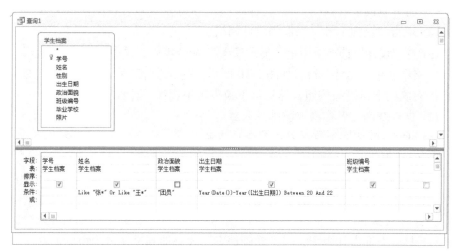

图 2-9　查询设计视图

(4) 设置显示字段。结果中"政治面貌"不显示，将该字段列显示单元格的复选框中对钩取消。

(5) 保存查询，名为"符合条件的学生信息"。

(6) 单击 ! 或切换到数据表视图查看结果。

实验 2.7 　创建统计计算查询

1. 实验目的

掌握利用查询设计视图创建查询进行统计计算的方法。

2. 实验内容

在"成绩管理系统.accdb"数据库中完成以下查询：

(1) 统计所有教师的人数。

(2) 统计 1990 年参加工作的教师的人数。

(3) 计算每位同学期末成绩的最高分、最低分、总分和平均分，结果显示"学号"、"姓名"、"最高分"、"最低分"、"总分"和"平均分"。

3. 实验操作

1) 统计所有教师的人数

分析：用"教师档案"表作为数据源，统计所有的"教师工号"的个数。

操作步骤如下。

(1) 打开查询设计视图，将"教师档案"表添加到设计视图窗口上方。

(2) 双击"教师工号"添加到设计网格。

(3) 在"设计"选项卡下的"显示/隐藏"命令组中，单击"汇总"按钮 Σ，在设计网格中显示"总计"行。如图 2-10 所示，在"教师工号"字段的总计单元格中单击右侧的下拉箭头按钮，然后从下拉列表中选择"计数"。

(4) 保存查询，名称为"教师总人数"。

(5) 单击 ! 或切换到数据表视图查看结果。

2) 统计 1990 年参加工作的教师的人数

分析：用"教师档案"表作为数据源，选择出参加工作时间为 1990 年的教师，再统计 "教师工号"的个数。

操作步骤如下。

(1) 打开查询设计视图，将"教师档案"表添加到设计视图窗口上方。

(2) 双击"工作时间""教师工号"。

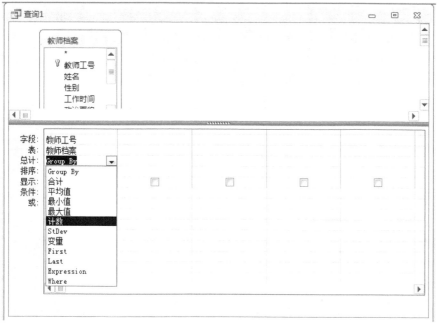

图 2-10 设置查询总计项

(3) 显示"总计"行。如图 2-11 所示,在"工作时间"字段的总计单元格中单击右侧的下拉列表,然后从下拉列表中选择"Where",并在条件单元格中输入条件;在"教师工号"字段的总计单元格中单击右侧的下拉列表,然后从下拉列表中选择"计数",并在字段单元格将显示标题改为"教师人数"。

(4) 保存查询,名称为"1990 年参加工作的教师人数"。

(5) 单击 ! ,或切换到数据表视图查看结果。

3) 计算每位同学期末成绩的最高分、最低分、总分和平均分,结果显示"学号"、"姓名"、"最高分"、"最低分"、"总分"和"平均分"

分析:用"学生档案"和"学生选课及成绩"表作为数据源,按"学号"和"姓名"分组后,再次利用"期末"字段统计最高分、最低分、总分和平均分。

操作步骤如下。

(1) 打开查询设计视图,将"学生档案"和"学生选课及成绩"表添加到设计视图窗口上方。

(2) 双击"学号""姓名",双击"期末"重复 4 次。

(3) 显示"总计"行。分别在"学号"和"姓名"字段的总计单元格中单击右侧的下拉列表,然后从下拉列表中选择"Group By";依次在"期末"字段的总计单元格中选择"最大值""最小值""合计""平均值",并依次修改显示标题为"最高分"、"最低分"、"总分"和"平均分",如图 2-12 所示。

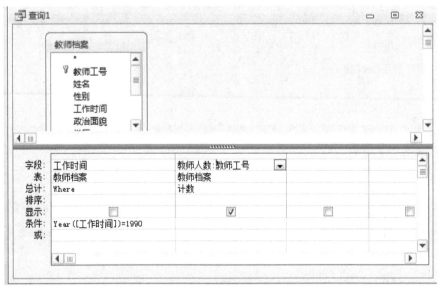

图 2-11　设置查询条件及总计项

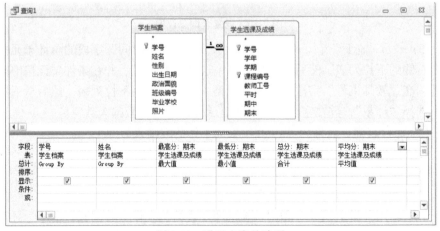

图 2-12　设置查询总计项

(4) 保存查询，名称为"每位学生期末成绩统计"。

(5) 单击！或切换到数据表视图查看结果。

实验 2.8　创建参数查询

1. 实验目的

掌握利用查询设计视图创建参数查询的方法。

2. 实验内容

在"成绩管理系统.accdb"数据库中按学生学号查找某学生某门课程的成绩，并显示"学号"、"姓名"、"课程名"、"平时"、"期中"和"期末"。

3. 实验操作

分析：查询按 2 个字段 2 个参数值进行查找，第一个参数为"学号"，第二个参数为"课程名"。2 个参数的提示信息均放在条件行上。数据源为"学生档案"、"学生选课及成绩"和"课程名"表。

操作步骤如下。

(1) 打开查询设计视图，将"学生档案"、"学生选课及成绩"和"课程名"表添加到设计视图窗口上方。

(2) 双击"学号"、"姓名"、"课程名"、"平时"、"期中"和"期末"。

(3) 分别在"学号"和"课程名"字段的"条件"单元格输入参数的提示信息，如图 2-13 所示。

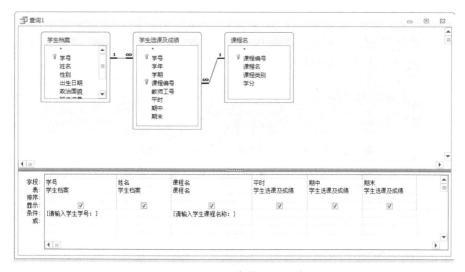

图 2-13 设置参数查询设计

(4) 保存查询，名为"按学号和课程名查成绩"。

(5) 运行查询时，弹出第一个"输入参数值"对话框，输入一个学号值后单击"确定"按钮，再弹出第二个"输入参数值"对话框，输入一个课程名称后单击"确定"按钮，就可显示查询结果，如图 2-14 所示。

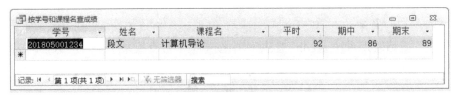

图 2-14　参数查询的查询结果

实验 2.9　创建生成表查询

1. 实验目的

掌握生成表查询的创建方法。

2. 实验内容

将教授授课的信息生成一张新表，表名为"教授授课情况"。

3. 实验操作

(1) 选择"创建"→"查询设计"。
(2) 按图 2-15 所示进行设置。

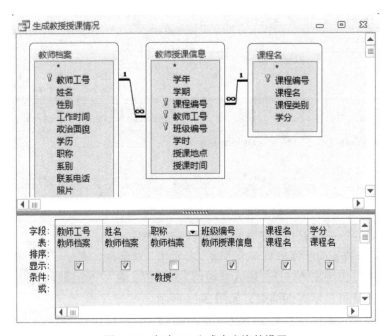

图 2-15　实验 2.9 生成查询的设置

（3）在查询设计工具栏中选择"生成表"，系统弹出如图 2-16 所示的"生成表"对话框。在表名称中输入"教授授课情况"，单击"确定"按钮。

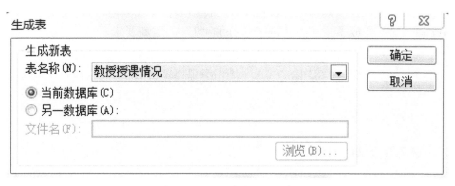

图 2-16　"生成表"对话框

（4）单击红色"!"按钮运行该查询，就会将查询结果生成到表名为"教授授课情况"的新表中。

（5）单击关闭按钮，保存该生成表查询，名为"生成教授授课情况"。

（6）打开"教授授课情况"表查看运行结果。

实验 2.10　创建更新查询

1. 实验目的

掌握更新查询的创建方法。

2. 实验内容

在"教授授课情况"表中，将"数据结构"课程的学分都加 1。

3. 实验操作

（1）选择"创建"→"查询设计"。

（2）在查询设计工具栏中选择"更新"。

（3）按图 2-17 所示进行查询设置。

（4）运行该查询，系统显示一个消息框，询问是否要进行更新，单击"是"

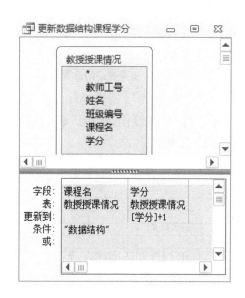

图 2-17　更新查询的设置

按钮，系统开始更新记录。

(5) 关闭并保存该更新查询，查询名为"更新数据结构课程学分"。

(6) 打开"教授授课情况"表，查看运行结果，发现课程名为"数据结构"的学分都由"3"变成了"4"，实现了学分加"1"的更新要求。

实验 2.11 创建删除查询

1. 实验目的

掌握删除查询的创建方法。

图 2-18 删除查询的设置

2. 实验内容

在"教授授课情况"表中删除课程名为"数据结构"的记录。

3. 实验操作

(1) 选择"创建"→"查询设计"。

(2) 在查询设计工具栏中选择"删除"。

(3) 按图 2-18 所示进行查询设置。

(4) 运行该查询，系统显示一个消息框，询问是否要删除记录，单击"是"按钮，系统开始删除记录。

(5) 关闭并保存该删除查询，查询名为"删除数据结构课程记录"。

(6) 打开"教授授课情况"表，查看运行结果，发现表中已经没有课程名为"数据结构"的记录。

实验 2.12 创建追加查询

1. 实验目的

掌握追加查询的创建方法。

2. 实验内容

在"教授授课情况"表中增加教授讲授"数据结构"课程的相关记录。

3. 实验操作

(1) 选择"创建"→"查询设计"。

(2) 在查询设计工具栏中单击"追加",弹出"追加"对话框,如图 2-19 所示,在表名称中选择"教授授课情况",然后单击"确定"按钮。

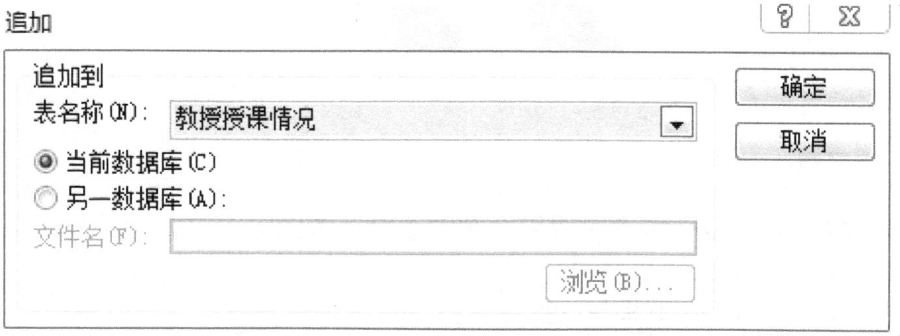

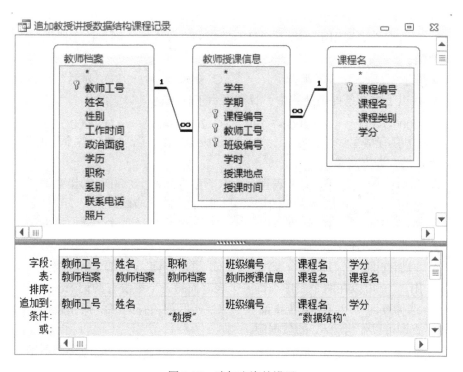

图 2-19 "追加"对话框

(3) 按图 2-20 所示进行查询设置。

图 2-20 追加查询的设置

(4) 运行该查询，系统显示一个消息框，询问是否要进行追加，单击"是"按钮，系统开始追加记录。

(5) 关闭并保存该追加查询，查询名为"追加教授讲授数据结构课程记录"。

(6) 打开"教授授课情况"表，查看运行结果，结果显示"教授授课情况"表中追加了杨婧教授讲授的所有"数据结构"课程的情况。

习　　题

一、选择题

1. Access 中，建立查询时可以设置筛选条件，应在＿＿＿栏中输入筛选条件。

A. 总计　　　　　　B. 排序　　　　　　C. 条件　　　　　　D. 字段

2. 下列对 Access 查询叙述错误的是＿＿＿。

A. 查询的数据源来自表或已有的查询

B. 查询的结果可以作为其他数据库对象的数据源

C. Access 的查询可以分析数据、追加、更改、删除数据

D. 查询不能生成新的数据表

3. 在查询设计视图中，若不想显示选定的字段内容，则将该字段的＿＿＿项对钩取消。

A. 排序　　　　　　B. 类型　　　　　　C. 条件　　　　　　D. 显示

4. 在以下查询条件表达式中，日期表示正确的是＿＿＿。

A. (2000-7-12)　　B. #2000-7-12#　　C. 2000-7-12　　D. 2000/7/12

5. 表中存有学生学号、姓名、性别、班级等字段，若要统计各个班的学生人数，最好的查询方式是＿＿＿。

A. 统计查询　　B. 交叉表查询　　C. 参数查询　　　D. 操作查询

6. 使用＿＿＿，可以对表中的记录进行添加、删除或修改。

A. 参数查询　　B. 选择查询　　C. 连接查询　　　D. 操作查询

7. 操作查询不包括＿＿＿。

A. 追加查询　　B. 联合查询　　C. 更新查询　　　D. 删除查询

8. 用＿＿＿可以在两个表中查询一个表有而另一个表没有的记录。

A. 选择查询　　B. 联合查询　　C. 不匹配项查询　D. 操作查询

9. 查询可以作为＿＿＿的数据源。

A. 窗体　　　　　　B. 报表　　　　　　C. 两样都是　　　D. 两样都不是

10. 利用对话框提示用户输入参数内容的查询过程是＿＿＿。

A. 参数查询　　B. 联合查询　　C. 选择查询　　　D. 操作查询

二、填空题

1. _____就是根据给定的条件,从数据库的表中筛选出符合条件的记录,构成用户需要的数据集合。

2. Access 中,查询设计完成后有多种方式可以查看查询结果,如可以切换到_____视图模式,或者单击_____按钮。

3. 查询可以和数据表一样作为窗体和报表的_____,在窗体和报表中显示其数据。

4. 在 Access 中,如果要进行大量有规律的数据修改,使用_____查询可以提高效率。

5. 查询的数据源可以是_____和_____。

三、操作题

1. 使用交叉表查询向导查询各院系不同学历的教师人数。

2. 按平均分降序显示卓计 18-1 班各科成绩的课程名和平均分(保留两位小数)。

3. 使用"参数查询"完成"用户通过对话框输入学生的学号就能查到相应学生的姓名、课程名和期末成绩的信息"的任务。

4. 使用"生成表查询"功能用"学生档案"表中的数据生成"计机 18-1 班"表,新表由计机 18-1 班学生的学号、姓名、性别、出生日期、政治面貌、班级编号字段组成。

5. 使用"追加查询"功能追加自己的信息到"计机 18-1 班"表中。

实验 3　SQL 实验

实验 3.1　数据定义语句

1. 实验目的

(1) 熟悉 Access 中 SQL 的操作界面"SQL 视图"。
(2) 掌握 Access 中"SQL 视图"的基本使用方法。
(3) 学会根据题目要求使用 CREATE TABLE 语句创建表结构的方法。
(4) 学会根据题目要求使用 ALTER TABLE 语句修改表结构的方法。
(5) 学会根据题目要求使用 DROP TABLE 语句删除表的方法。

2. 实验内容

(1) 使用 CREATE TABLE 创建"团员信息"表，表中包含 5 个字段，其字段属性如表 3-1 所示。

表 3-1　"团员信息"表的字段属性

字段名称	数据类型	字段大小	是否主键
学号	文本	12	是
姓名	文本	3	否
性别	文本	1	否
政治面貌	文本	2	否
班级编号	文本	6	否

(2) 使用 ALTER TABLE 修改"团员信息"表的结构：修改"性别"字段的字段类型为"逻辑型"；添加一个"年龄"字段，整型；删除"班级编号"字段。

(3) 使用 DROP TABLE 删除"团员信息"表。

3. 实验操作

1) 使用 CREATE TABLE 创建"团员信息"表
操作步骤如下。

(1) 选择"创建"→"查询设计",然后关闭弹出的"显示表"对话框。

(2) 在"查询工具"→"设计"选项卡中选择"SQL 视图"。

(3) 在"SQL 视图"中先删除原有内容,然后根据题目要求在 SQL 视图中输入相应的数据定义命令,如图 3-1 所示。

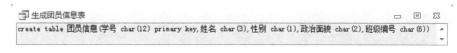

图 3-1   在"SQL 视图"中输入相应的 SQL 语句

(4) 单击红色"!"按钮运行该语句,在导航窗格表对象中就生成了一个名为"团员信息"的新表。

(5) 单击"关闭"按钮,保存该 SQL 语句,取名为"生成团员信息表"。

(6) 在"团员信息"表上单击右键,选择"设计视图",打开"团员信息"表的结构,查看运行结果,如图 3-2 所示。

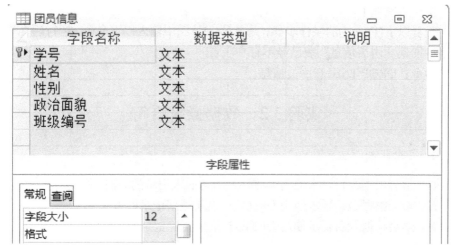

图 3-2   新生成的"团员信息"表结构

2) 使用 ALTER TABLE 修改"团员信息"表的结构:修改"性别"字段的字段类型为"逻辑型";添加一个"年龄"字段,整型;删除"班级编号"字段

操作步骤如下。

重复以上(1)~(6)的操作步骤 3 次,每次在第(3)步骤中分别输入以下 3 条命令,运行后在第(6)步骤中查看结果的变化,三条命令都运行后的结果如图 3-3 所示。

命令一:ALTER TABLE 团员信息 ALTER 性别 LAGICAT;

命令二:ALTER TABLE 团员信息 ADD 年龄 INT;

命令三:ALTER TABLE 团员信息 DROP 班级编号;

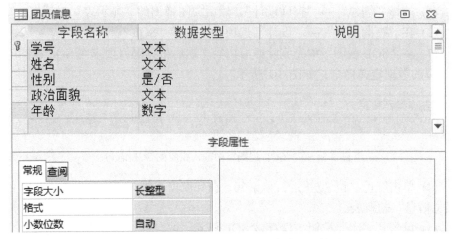

图 3-3　使用了 ALTER TABLE 命令后的结果

3) 使用 DROP TABLE 删除"团员信息"表

操作步骤如下。

重复以上(1)~(5)的操作步骤,并在第(3)步骤中输入以下命令,运行后在导航窗格中发现"团员信息"表已经不存在了。

命令:DROP TABLE 团员信息。

实验 3.2　数据操纵语句

1. 实验目的

(1) 学会根据题目要求使用 INSERT 语句插入记录的方法。

(2) 学会根据题目要求使用 UPDATE 语句更新记录的方法。

(3) 学会根据题目要求使用 DELETE 语句删除记录的方法。

2. 实验内容

(1) 使用 INSERT 在"团员信息"表中插入一条新记录(201805002001,张三,男,群众,计机 18-1)。

(2) 使用 UPDATE 将"张三"的政治面貌由"群众"改为"团员"。

(3) 使用 DELETE 删除姓名为"张三"的记录。

3. 实验操作

1) 使用 INSERT 在"团员信息"表中插入一条新记录(201805002001,张三,男,群众,计机 18-1)

操作步骤如下。

(1) 在导航窗格的查询对象中双击"生成团员信息表",运行该 SQL 语句,生成"团员信息"表。

(2) 选择"创建"→"查询设计",然后关闭弹出的"显示表"对话框。

(3) 在查询工具设计选项卡中选择"SQL 视图"。

(4) 在"SQL 视图"中先删除原有内容,然后根据题目要求在 SQL 视图中输入以下 SQL 数据操纵命令,如图 3-4 所示。

图 3-4 在"SQL 视图"中输入相应的 SQL 语句

(5) 单击红色"!"按钮运行该语句。

(6) 单击关闭按钮,保存该 SQL 语句,取名为"添加张三的记录"。

(7) 在"团员信息"表上双击,打开"团员信息"表,查看运行结果,如图 3-5 所示。

图 3-5 添加记录的运行结果

2) 使用 UPDATE 将"张三"的政治面貌由"群众"改为"团员"

操作步骤如下。

重复以上(2)~(7)的操作步骤,在第(4)步骤中输入以下命令,运行后在第(7)步骤中查看结果的变化,运行结果如图 3-6 所示。

图 3-6 更新记录的运行结果

命令：UPDATE 团员信息 SET 政治面貌 = "团员"；

3) 使用 DELETE 删除姓名为"张三"的记录

操作步骤如下。

重复以上(2)～(7)的操作步骤，并在第(4)步骤中输入以下命令，运行后在第(7)步骤中查看结果的变化，发现"张三"的记录已经不存在了。

命令：DELETE*FROM 团员信息 WHERE 姓名="张三"；

实验 3.3　数据查询语句

1. 实验目的

(1) 学会根据题目要求使用 SELECT 语句创建查询的方法。

(2) 学会根据题目要求使用 INNER JOIN 子句创建内连接查询的方法。

(3) 学会根据题目要求使用 UNION 子句创建联合查询的方法。

(4) 学会根据题目要求使用 IN 运算符创建子查询(嵌套查询)的方法。

2. 实验内容

(1) 使用 SELECT 语句创建带条件的查询：在"学生档案"表中查询所有年龄小于 20 岁的团员的姓名、性别和班级编号。

(2) 使用 ORDER BY 子句创建可排序的查询：在"学生档案"表中查询前 2 个出生年份最小的男学生的学号、姓名和出生日期。

(3) 使用 GROUP BY 子句创建分组统计的查询：在"学生选课及成绩"表中按课程统计各课程的期末平均分，并只显示平均分小于 80 分的课程信息。

(4) 使用 INNER JOIN...ON 创建内连接查询：依据课程编号相同连接"课程名"表和"学生选课及成绩"表，查询显示各课程名及其期末成绩的平均分。

(5) 使用 UNION 创建联合查询：在"学生选课及成绩"表中查询显示各学生和各课程的平均分。

(6) 使用(NOT)IN 运算符创建子查询：查询没有选课的学生的学号、姓名和班级编号。

3. 实验操作

(1) 在"学生档案"表中查询所有年龄小于 20 岁的团员的姓名、性别和班级编号，结果如图 3-7 所示。

操作步骤如下。

① 选择"创建"→"查询设计"，然后关闭弹出的"显示表"对话框。

② 在查询工具设计选项卡中选择 "SQL 视图"。

③ 在 "SQL 视图" 中先删除原有内容，然后根据题目要求在 SQL 视图中输入相应的数据查询命令。

命令：SELECT 姓名,性别,班级编号
　　　 FROM 学生档案
　　　 WHERE 政治面貌="团员"
AND　YEAR(DATE())-YEAR(出生日期)<20;

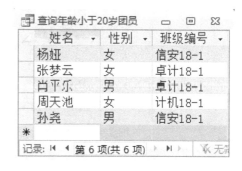

图 3-7　查询年龄小于 20 岁团员结果

④ 单击红色 "!" 按钮运行该语句，查看运行结果。

⑤ 单击关闭按钮，保存该查询语句，取名为 "查询年龄小于 20 岁团员"。

(2) 在 "学生档案" 表中查询前 2 个年龄最小的男学生的学号、姓名和出生日期，结果如图 3-8 所示。

操作步骤如下。

① 打开 "SQL 视图"，在其中输入以下命令，运行后查看查询结果。

命令：SELECT TOP 2 学号,姓名,出生日期
　　　 FROM 学生档案
　　　 WHERE 性别="男"
　　　 ORDEY BY 出生日期 DESC；

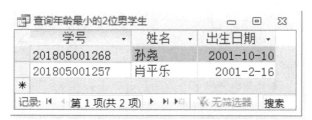

图 3-8　查询年龄最小的 2 位男学生结果

② 单击关闭按钮，保存该查询语句，取名为 "查询年龄最小的 2 位男学生"。

(3) 在 "学生选课及成绩" 表中按课程统计各课程的期末平均分(只保留整数)，并只显示平均分小于 80 分的课程信息，结果如图 3-9 所示。

操作步骤如下。

① 打开 "SQL 视图"，在其中输入以下命令，运行后查看查询结果。

命令：SELECT 课程编号,INT(AVG(期末)) AS 平均分
　　　 FROM 学生选课及成绩
　　　 GROUP BY 课程编号 HAVING AVG(期末)<80；

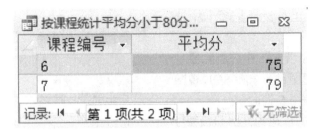

图 3-9　按课程统计平均分小于 80 分的课程结果

② 单击关闭按钮，保存该查询语句，取名为"按课程统计平均分小于 80 分的课程"。

(4) 依据课程编号相同连接"课程名"表和"学生选课及成绩"表，查询显示各课程名及其期末成绩的平均分（只保留整数），结果如图 3-10 所示。

操作步骤如下。

① 打开"SQL 视图"，在其中输入以下命令，运行后查看查询结果。

命令：SELECT 课程名.课程名,INT(AVG(学生选课及成绩.期末)) AS　平均分
　　　FROM　课程名　INNER JOIN　学生选课及成绩
　　　ON　课程名.课程编号　=　学生选课及成绩.课程编号;

课程名	平均分
C#程序设计	84
Excel高级应用	84
Java语言程序设计	75
Web开发技术	79
操作系统原理及安全	84
创业基础	83
电路与电子技术	83
电子商务物流管理	84
高级语言程序设计	83
计算机导论	80
计算机基础及应用	80
计算机审计	88
数据结构	82
物联网导论	81
信息安全导论	80
信息安全数学基础	80

记录：I◀　◀ 第 3 项(共 16 项) ▶ ▶I　　无筛选器　　搜索

图 3-10　连接查询各课程期末平均分结果

② 单击关闭按钮,保存该查询语句,取名为"连接查询各课程期末平均分"。

(5) 在"学生选课及成绩"表中查询显示各学生和各课程的平均分(只保留整数),结果如图 3-11 所示。

操作步骤如下。

① 打开"SQL 视图",在其中输入以下命令,运行后查看查询结果。

命令:SELECT 学号 AS 学号或课程编号, INT(AVG(期末)) AS 平均分

　　　　FROM 学生选课及成绩

　　　　GROUP BY 学号

　　　　UNION

　　　　SELECT 课程编号, INT(AVG(期末))

　　　　FROM 学生选课及成绩

　　　　GROUP BY 课程编号;

图 3-11　联合查询学生和课程平均分结果

② 单击关闭按钮,保存该查询语句,取名为"联合查询学生和课程平均分"。

(6) 查询没有选课的学生的学号、姓名和班级编号信息,结果如图 3-12 所示。

操作步骤如下。

① 打开"SQL 视图",在其中输入以下命令,运行后查看查询结果。

命令:SELECT 学号,姓名,班级编号

　　　　FROM 学生档案

WHERE 学号 NOT IN(SELECT 学号 FROM 学生选课及成绩);

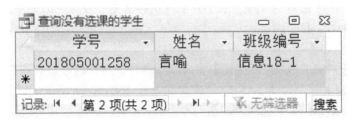

图 3-12　查询没有选课的学生结果

② 单击关闭按钮，保存该查询语句，取名为"查询没有选课的学生"。

习　　题

一、选择题

1. 在 SQL 语法中，SELECT 语句的完整语法比较复杂，但至少包括的部分是(　　)。

A. SELECT，FROM　　　　　　　B. SELECT，WHERE

C. SELECT，INTO　　　　　　　D. 仅 SELECT

2. SELECT 语句是根据(　)子句进行分组的。

A. FROM　　　　B. WHERE　　　　C. GROUP BY　　　　D. ORDER BY

3. 如果在 SQL SELECT 语句的 ORDER BY 字句中指定了 DESC，则表示(　　)。

A. 按升序排序　　B. 按降序排序　　C. 按索引字段排序　　D. 错误语句

4. SQL 的数据操纵语句不包括(　　)。

A. INSERT　　　　B. UPDATE　　　　C. DELETE　　　　D. CHANGE

5. 在 SQL 的计算查询中，用于求和的函数是(　　)。

A. SUM　　　　B. COUNT　　　　C. AVG　　　　D. MAX

二、填空题

1. SQL 提供了数据定义语言、数据_____、数据_____和数据_____四种分类。

2. 数据查询是数据库的核心操作。SQL 的数据查询只有一条_____语句，却是用途最广泛的一条语句，具有灵活的使用方式和丰富的功能。

3. 在 SQL 语句中，可以删除表中记录的是_____命令，可以向表中插入记录的是_____命令，可以对记录进行修改的是_____语句。

4. 在 SQL 语句中，空值的表示方法为_____。

5. 在 SELECT 语句中，字符串匹配运算符用_____，通配符_____表示多个任意字符，_____表示一个任意字符。

三、操作题

1. 查询存在不及格的课程(用 DISTINCT)。

2. 查询名字中带"天"字的学生信息。

3. 统计每门课程的学生选修人数(超过 5 人的课程才统计)。

4. 查询男生、女生人数。

5. 查询课程分数小于 60，按分数降序排列的学生信息。

实验 4   窗 体 设 计

实验 4.1   使用窗体向导创建窗体

1. 实验目的

(1) 掌握"窗体向导"创建窗体的方法。

(2) 掌握"设计视图"修改控件属性、窗体属性及窗体主题设置的方法。

2. 实验内容

以"学生档案"表为记录源设计"学生信息"窗体，要求窗体是纵栏式，显示全部字段；并修改"学号"文本框控件的背景色输入为"#FFFF66"，"照片"绑定对象框控件的边框样式为"透明"，"窗体"记录选择器为否、滚动条为两者均无、最大最小化按钮为无，如图 4-1 所示；设定窗体的主题为"波形"。

3. 实验操作

1) 实验分析

首先确定"数据源"，然后选择"向导"方式创建，最后在"设计视图"修改属性。

2) 操作步骤

(1) 打开"窗体向导"：打开"成绩管理系统.accdb"数据库，单击"创建"选项卡"窗体"组中的"窗体向导"，如图 4-1(a)所示。

(2) 选择数据源：在图 4-1(a)所示"表/查询"列表中选择"表：学生档案"，在图 4-1(a)中单击全选按钮"≫"将所有字段全部添加到"选定字段"框中，如图 4-1(b)所示；单击"下一步"进入图 4-1(c)所示窗体。

(3) 选择窗体布局："纵栏表"，单击"下一步"进入图 4-1(d)。

(4) 指定窗体标题：在窗体标题处输入"学生档案"，如图 4-1(d)所示，单击"完成"按钮，"学生档案"创建完毕。

(5) 修改控件属性：切换至窗体"设计视图"，双击"学号"文本框控件，打开属性表如图 4-1(e)所示，在其背景色输入"#FFFF66"；在其"属性表"的所选内容列表中，选择"照片"对象，如图 4-2 所示，边框样式为"透明"。

（6）设置窗体属性：双击窗体选定器，打开窗体属性表，设置窗体的"记录选择器"为"否"、"滚动条"为"两者均无"、"最大最小化按钮"为"无"，如图 4-2 所示；设定窗体的主题为"流畅"，窗体效果如图 4-3 所示。

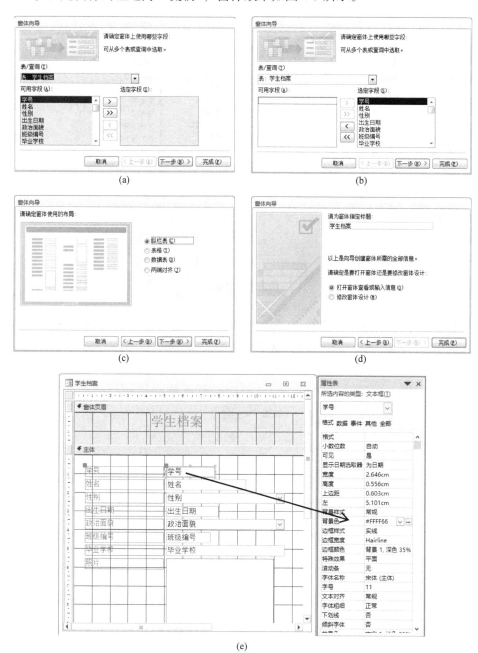

(a)　　　　　　　　　　　　　　(b)

(c)　　　　　　　　　　　　　　(d)

(e)

图 4-1　创建"学生档案"窗体

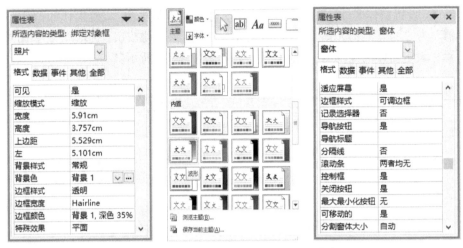

图 4-2　"学生档案"窗体的属性及设计

图 4-3　"学生档案"窗体效果

实验 4.2　使用窗体设计视图创建窗体

1. 实验目的

(1) 掌握"设计视图"创建窗体的方法。

(2) 掌握文本框、组合框、列表框控件的创建、更换、编辑方法。

2. 实验内容

以"学生选课及成绩"表为记录源创建"成绩录入"窗体，要求打开窗体时处于输入数据的状态下，使用"列表框"选择课程编号和教师工号，添加"总评"文本框计算总评成绩，如图 4-4 所示。

图 4-4 "成绩录入"窗体

3. 实验操作

1) 实验分析

首先使用"窗体向导"快速创建初步窗体，再添加"列表框、命令按钮、文框"控件，按窗体形式进行控件位置调整，最后按要求进行控件属性设置。

2) 操作步骤

(1) 使用"窗体向导"创建初步窗体：打开"成绩管理系统.accdb"数据库，单击"创建"→"窗体"组中的"窗体向导"，在"窗体向导"提示中选择"学生选课及成绩"表，选择显示所有字段，布局为纵栏表，标题为"学生成绩录入"。

(2) 重设"学号"文本框控件：切换至窗体的设计视图，选择"学号"文本框，按 Delete 键删除。单击控件工具箱中的组合框控件，在窗体主体节单击，弹出组合框向导，按照图 4-5(a)～(g)所示的步骤创建"学号"组合框。

(3) 重设"学年"文本框控件：选择"学年"文本框并单击右键，在弹出的快捷菜单中选择"更改为"→"组合框"命令，如图 4-6 所示。打开属性表，单击"行来源"属性旁的生成按钮，在弹出的查询生成器中按照图 4-7(a)所示设计查询，按图 4-7(b)所示修改查询属性，将"唯一值"设为"是"，完成之后"学年"组合框的属性表如图 4-7(c)所示。

(4) 创建"课程编号"列表框控件：单击工具箱中的列表框控件，在主体节空白处单击，在弹出的向导对话框中按照图 4-8(a)～(h)所示的步骤设置其数据来源，显示"课程编号"和"课程名称"。

(5) 仿照上一步的方法再创建一个"教师工号"列表控件，显示教师工号和姓名。

(6) 添加"总评"文本框：单击工具箱中的文本框控件，在主体节左下角单击拖动鼠标创建"总评"控件，设置其名称为"总评"，在其"属性表"对话框中的"数据"选项卡，设置"控件来源"为"=[平时]*.2+[期中]*.2+[期末]*.6"，在"格式"选项卡，设置"格式"为固定，小数位数 1 位。

(7) 在主体节右下角添加 3 个命令按钮：单击工具箱的命令按钮控件，单击主体节，在弹出的对话框中按照图 4-9(a)和(b)所示的步骤，设置其操作为"记录操作"中的"保存记录"，标题为"保存记录"，名称为"save"；同样按图 4-9(c)创建"撤销记录"按钮、名称为"cancel"，按图 4-9(d)创建"删除记录"按钮、名称为"delete"。

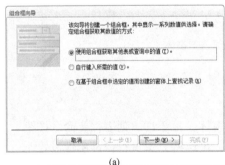

(a)

(b)

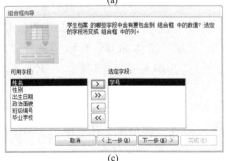

(c)

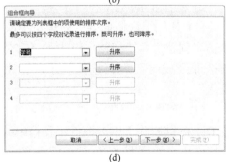

(d)

(e)   (f)

(g)

图 4-5 更改"学号"控件

图 4-6 更改"学年"控件类型

(a)

(b)

(c)

图 4-7 "学年"组合框行来源设置

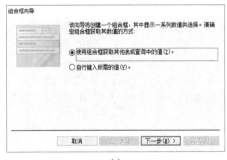

(a)

(b)

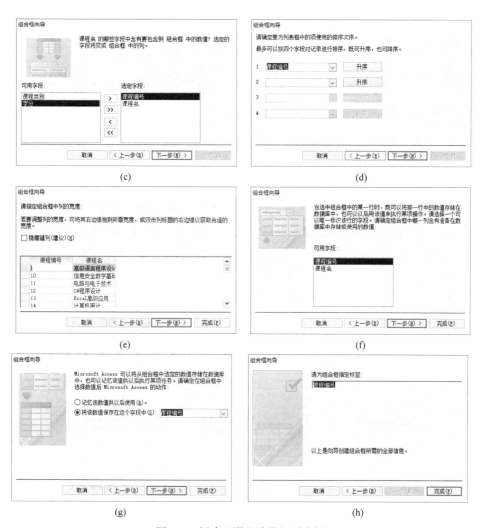

图 4-8 创建"课程编号"列表框

图 4-9　创建"保存记录"等 3 个命令按钮

(8) 修饰窗体：按图 4-4 所示，在窗体"设计视图"调整各控件的位置和大小；窗体页眉节的标题控件设置为 28 号、黑色；主体节所有控件和标签前景色为黑色、12 号、加粗；窗体属性为"记录选择器"为"否"，"滚动条"为"两者均无"，"最大最小化按钮"为"无"，"数据输入"为"是"。

(9) 完整的设计视图及窗体设计表如图 4-10 所示。

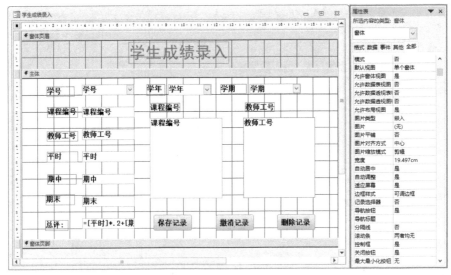

图 4-10　"学生成绩录入"窗体的设计视图及窗体属性

实验 4.3　使用窗体向导创建主/子窗体

1. 实验目的

(1) 掌握窗体向导创建主/子窗体的方法。

(2) 掌握控件编辑、窗体修饰的方法。

(3) 掌握日期函数 DATE() 的应用。

2. 实验内容

以"教师档案"表"教师授课信息"表为记录源设计"教师详细信息"主子窗体，如图 4-11 所示。

图 4-11　"教师详细信息"窗体

3. 实验操作

1) 实验分析

确定主窗体与子窗体数据源，主、子窗体数据源应先建立一对多关系。

2) 操作步骤

(1) 选择"主表数据源"：打开"成绩管理系统.accdb"数据库，单击"创建"选项卡"窗体"组中的"窗体向导"，选择数据源主表"教师档案"，如图 4-12(a) 所示。选择"主表字段"：所有字段添加到"选定字段"列表中，如图 4-12(b) 所示，单击"下一步"按钮。

(2) 选择"子表数据源"：将鼠标移到"表/查询"列表处，在列表中选择"教师授课信息"表，如图 4-12(c) 所示。选择"子表字段"：将所有字段添加到"选定字段"列表中，如图 4-12(d) 所示，单击"下一步"按钮。

(3) 确定查看数据方式：选择"带有子窗体的窗体"，如图 4-12(e)所示，单击"下一步"按钮。

(4) 确定子窗体布局：选择"数据表"布局，如图 4-12(f)所示，单击"下一步"按钮。

(5) 指定主窗体的标题：主窗体的标题为"教师详细信息"，子窗体的标题为"教师授课信息 子窗体"，如图 4-12(g)所示，并单击"完成"按钮，窗体效果如图 4-12(h)所示。

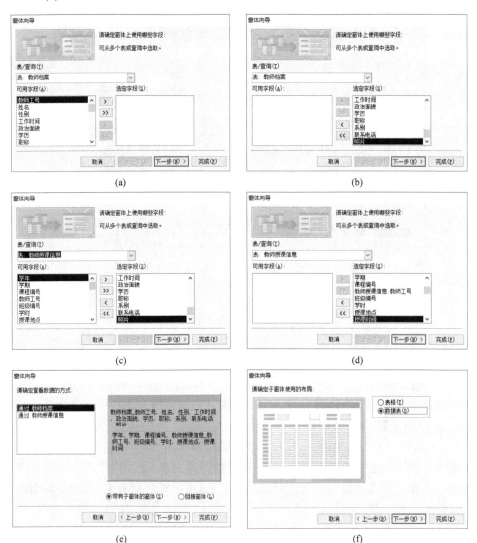

(a)

(b)

(c)

(d)

(e)

(f)

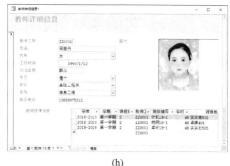

(g) 　　　　　　　　　　　　　　　　(h)

图 4-12　使用向导创建"教师详细信息"主子窗体

(6) 窗体修饰：切换到"设计视图"。

① 适当调整控件布局。

② 在"窗体页眉"处，设置"标签"标题，前景色为"白色"，宋体加粗，字号 20。

③ 从控件工具箱中选择"文本框"控件，拖动鼠标在"窗体页眉"中创建一个文本框，其附属标签为"当前日期"，宋体加粗，字号 12，"文本框"控件来源"=date()"，格式为"长日期"，"窗体页眉"背景色为"蓝色"。

④ 在"主窗体"与"子窗体"之间添加"直线"控件，其边框宽度为 4pt，边框颜色为"浅青绿，背景 2，深色 50%"。

⑤ 设置主窗体属性："记录选择器"为"否"，"滚动条"为"两者均无"，如图 4-13 所示。

图 4-13　"教师详细信息"窗体设计视图

实验 4.4　使用拖动法创建主/子窗体

1. 实验目的

(1) 掌握"设计视图"与"拖动法"创建主/子窗体的方法。

(2) 掌握主/子窗体"链接字段"的设置方法。

(3) 掌握在"计算控件"中函数(AVG()、IIF())的应用。

(4) 掌握主/子窗体之间控件数据的引用方法。

2. 实验内容

以"成绩"查询为记录源设计"学生详细信息"主/子窗体,要求窗体上方显示"学生档案"表的部分字段信息,下方嵌入"学生成绩子窗体",显示"成绩"查询的部分字段,主/子窗体之间通过学号进行链接。

3. 实验操作

1) 实验分析

首先以"学生档案""课程名""学生选课及成绩"三个表为数据源,创建一个包涵"学号""姓名""课程名""班级编号""学年""学期""平时""期中""期末""成绩"字段的"成绩"查询,其中"成绩"列为"= 成绩: [平时]*.2+[期中]*.2+[期末]*.6",将该查询作为子窗体数据源,然后分别创建主、子窗体,最后将子窗体拖到主窗体的主体节中,并设置主、子窗体的"链接字段"。

2) 操作步骤

(1) 创建主窗体:打开"成绩管理系统.accdb"数据库,单击"创建"→"窗体"组中的"窗体向导",在弹出的向导对话框中选择"学生档案"表,按照图 4-14(a)～(c)的步骤,依次选择显示字段、窗体布局、窗体标题;将完成后的初步窗体切换到

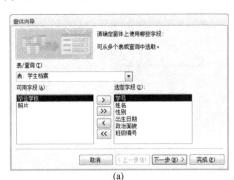

(a)

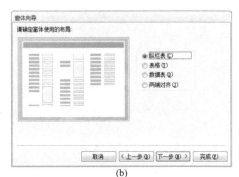

(b)

(c)　　　　　　　　　　　　　　　　　(d)

图 4-14　创建"学生详细信息"主窗体

设计视图,调整主体节所有控件的位置,并设置所有控件的前景色为黑色;窗体页眉节的标题标签字号为 28,前景色为黑色。完成效果如图 4-14(d)所示。

　　(2) 创建子窗体:选择查询对象中的"成绩"查询,单击"创建"选项卡,在"窗体"组中单击"窗体向导",在弹出的向导对话框中按照图 4-15(a)~(c)的步骤依次选择显示字段、窗体布局、窗体标题。完成后的效果如图 4-15(d)所示。

(a)　　　　　　　　　　　　　　　　　(b)

(c)　　　　　　　　　　　　　　　　　(d)

图 4-15　创建"学生成绩子窗体"

(3) 在子窗体中添加计算控件 ：将完成后的"学生成绩子窗体"切换到设计视图，在窗体页脚区拉出合适高度的区域；在控件工具箱中单击"文本框"，在弹出的向导中单击取消，设置文本框属性，如名称为 t_avg，控件来源为"=Avg([成绩])"。再创建一个文本框，设置其属性：名称为 t_judge，控件来源为"=IIf([t_avg]>=60,"合格","不合格")"。该子窗体的设计视图如 4-16 所示。

(4) 拖动"子窗体"到"主窗体"：打开 "学生详细信息"主窗体，进入设计视图，拖动主体节下框线，留出合适大小的空白区域；从窗体对象中选中"学生成绩子窗体"并将其拖动到主窗体的空白处。

(5) 设置主、子窗体"链接字段"：打开子窗体控件属性表，确认链接主字段和链接子字段均为"学号"，如图 4-17 所示；调整子窗体控件的位置和大小。

图 4-16　"学生成绩子窗体"设计视图

图 4-17　子窗体控件属性表

(6) 在主窗体中添加计算控件：在"学生详细信息"主窗体的窗体页脚节中，添加两个文本框控件，名称分别为"avg"和"judge"；控件来源属性分别为"=[学生成绩子窗体].[Form]![t_avg]"和"=[学生成绩子窗体].[Form]![t_judge]"，可以按照图 4-18 所示在表达式生成器中快速设定；将 2 个文本框及其附属标签设置为加粗、14 号；平均分文本框的格式设为固定，小数位数 1 位。

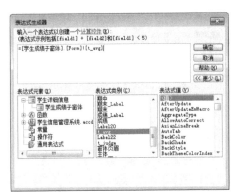

(a)

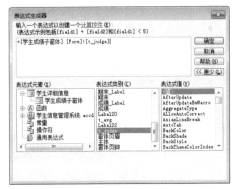

(b)

图 4-18　设置计算控件的控件来源

(7) 设置主窗体属性:"记录选择器"为否,"滚动条"为"两者均无"。完成后的"学生详细信息"窗体如图 4-19 所示。

图 4-19 完成后的"学生详细信息"窗体

实验 4.5 创建"登录"界面对话框窗体

1. 实验目的

(1) 掌握"文本框及命令按钮"控件创建对话框窗体的方法。
(2) 掌握"系统登录"界面窗体的创建方法。

2. 实验内容

创建"登录"对话框,效果如图 4-20 所示,可以在两个"文本框"中输入用户名和密码,密码不显示明文;单击"确定"按钮运行宏"登录",单击"取消"按钮关闭登录窗体,单击"退出"按钮则退出 Access 应用程序。

3. 实验操作

1) 实验分析

通过"登录"窗体中"文本框"控件的输入数据与"命令按钮"的"事件"驱动，调用相应的"宏"或"事件过程"对"文本框"控件输入的用户名、密码数据进行判断处理，若满足条件，则打开相应的窗体，以及通过"命令按钮"向导方式创建"命令按钮"完成操作。

2) 操作步骤

(1) 创建空白窗体：打开"成绩管理系统.accdb"数据库，单击"创建"→"窗体"组中的"窗体设计"，Access 创建新的空白窗体，处于设计视图。

(2) 添加标题：从控件工具箱中选择标签控件，在窗体主体节上方单击，输入内容为"欢迎使用成绩管理系统"；设置前景色为黑色，28 号，楷体；背景样式为透明。

(3) 添加"用户名"和"密码"文本框：从控件工具箱中选择"文本框"控件，拖动鼠标在窗体主体中创建一个文本框，在弹出的向导对话中输入文本框名称为"user"，附属标签标题为"用户名："；再次创建一个文本框，在弹出的向导对话中输入文本框名称为"password"，附属标签标题为"密码："；文本框及其附属标签均设置前景色为黑色、背景色为白色，加粗；第二个文本框"password"的"输入掩码"属性设为"密码"，如图 4-21 所示。

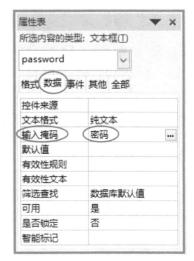

图 4-20　"登录"窗体　　　　　　　　图 4-21　文本框输入掩码

(4) 添加"确定"按钮：单击控件工具箱中的命令按钮控件，在主体节左下角单击，在弹出的向导对话框中单击"取消"，双击按钮打开"属性表"，在"属性表"中将按钮的标题设为"确定",名称设为"ok",在"事件"属性中,设置其"单击"属性为"登录"(是一个宏,将在实验 5 学习)。

(5) 添加"取消"按钮:再次单击工具箱中的命令按钮控件,在主体节下方中部单击,在弹出的向导对话框中按照图 4-22(a)~(c)所示步骤进行设置:①选择命令按钮的操作为"窗体操作"类别中的"关闭窗体",单击"下一步"按钮;②指定按钮显示内容"取消",单击"下一步";③指定按钮的名称"cancel",完成"取消"按钮的创建。

(6) 添加"退出"按钮:再次单击工具箱中的命令按钮控件,在主体节下方中部单击,在弹出的向导对话框中按照图 4-22(d)~(f)所示步骤进行设置:①选择命令按钮的操作为"应用程序"类别中的"退出应用程序",单击"下一步";②指

(a)

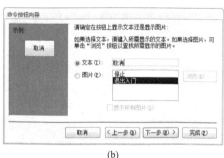

(b)

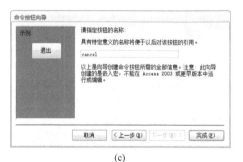

(c)

(d)

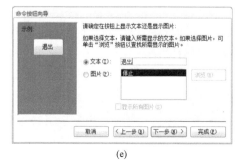

(e)

(f)

图 4-22　创建命令按钮

定按钮显示内容"退出"；③指定按钮的名称为"quit"，单击"下一步"，完成"退出"按钮的创建。

(7) 修饰窗体：调整 3 个命令按钮的宽度均为 1.6cm，字体加粗、水平间距相等，设定窗体的属性："记录选择器"为"否"，"边框样式"为"对话框边框"，"导航按钮"为"否"，"自动居中"为"是"，"图片"为"bg.jpg"，"图片缩放模式"为"拉伸"。

(8) 完整的设计视图及窗体属性表如图 4-23 所示。

图 4-23　完整的设计视图及属性表

实验 4.6　创建"查询"功能对话框窗体

1. 实验目的

(1) 掌握"命令按钮"控件创建"查询"功能对话框窗体的方法。
(2) 掌握"命令按钮"调用对话框窗体相关属性设置。

2. 实验内容

创建如图 4-24 所示的"学生综合查询"对话框窗体，要求单击按钮可以打开对应的查询，并对窗体进行美化。

图 4-24　"学生综合查询"窗体

3. 实验操作

1) 实验分析

在"窗体设计"视图,通过"命令按钮"控件向导提示选择相应的操作类型,打开事先创建好的相应"查询"完成"查询功能窗体"的创建。

2) 操作步骤

(1) 创建空白窗体: 打开"成绩管理系统.accdb"数据库,单击"创建"选项卡,在"窗体"组单击"窗体设计",Access 自动创建一个空白的窗体并处于设计视图,单击右键,在快捷菜单中选择"窗体页眉/页脚"。

(2) 添加标题、矩形和直线:单击工具箱中的标签控件,在窗体页眉节单击,输入标签内容"学生综合查询";单击工具箱中的矩形控件,在主体节中画出矩形框,高度为 7cm、宽度为 12cm、边框宽度 3pt、边框颜色为浅蓝(#00B7EF);再单击直线控件竖直放置在矩形框中间,直线的高度、边框宽度和颜色与矩形框一致;直线将矩形一分为二。

(3) 添加命令按钮:单击工具箱中的命令按钮控件,放置在左半边矩形框中,在弹出的向导对话框中按照图 4-25(a)~(d)所示的步骤,依次选择按钮的类型为

"杂项"，操作为"运行查询"，在运行查询列表中选择"按班级查"，按钮标题为"按班级查询"，按钮名称为"cmd1"。

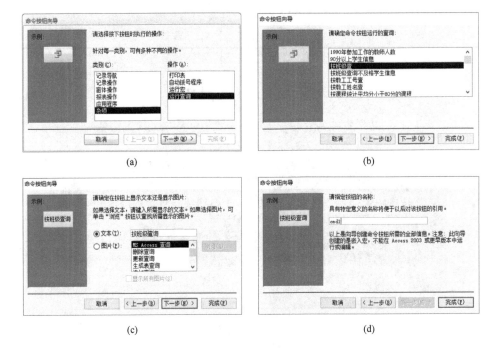

(a)　　　　　　　　　　　　　　　　　(b)

(c)　　　　　　　　　　　　　　　　　(d)

图 4-25　创建命令按钮

(4) 仿照(3)，依次添加其他 3 个按钮放在左半边矩形框内，操作为打开不同的查询，即按学生姓名查询、按学生学号查询、按班级查询不及格学生信息，标题分别为"按学生姓名查询""按学生学号查询""按班级查询不及格学生信息"，名称分别为"cmd2""cmd3""cmd4"。

(5) 仿照(3)，依次添加 4 个按钮放在右半边矩形框内，操作同样是打开不同的查询：课程选修情况、90 分以上学生信息、班级人数、各班级各科平均分，标题按图 4-24 设置，名称分别为"cmd5"～"cmd8"。

(6) 修改控件属性：将两组共 8 个按钮，统一高度和宽度、垂直间距相等，并设置字号 12，前景色为黑色、加粗；窗体页眉处的标题标签设置字体为华文新魏，字号 26、前景色为白色(#FFFFFF)，边框样式为实线、颜色为黄色。

(7) 设置窗体属性：图片为"bg2.jpg"，"图片缩放模式"为"拉伸"，"记录选择器"为"否"，"导航按钮"为"否"，"边框样式"为"可调边框"。将窗体保存为"学生综合查询"。

完整的设计视图及窗体属性表如图 4-26 所示。

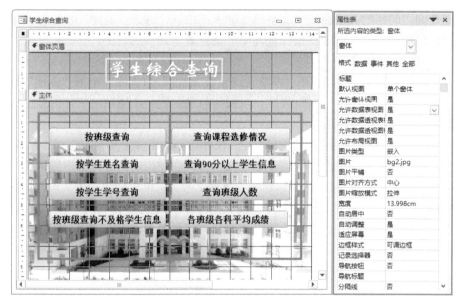

图 4-26　设计视图及窗体属性表

实验 4.7　创建"条件查询"窗体

1. 实验目的

(1) 掌握以"条件查询"为数据源的"条件查询窗体"的创建方法。
(2) 掌握"条件查询"与窗体之间的调用关系。
(3) 掌握图表的编辑方法。

2. 实验内容

以"教师档案"表为数据源，分别创建按"教师工号"的条件的准确查询和按"教师姓名"为条件的模糊查询，创建如图 4-27 所示的条件查询窗体。

3. 实验操作

1) 实验分析

条件查询窗体，通过"教师工号"文本框输入查询"工号"信息，实现查询；通过"教师姓名"文本框输入查询"姓名"信息或者输入姓或名即可实现

图 4-27　"条件查询"窗体

模糊查询。问题的关键在于"文本框"输入的信息，通过"确定"按钮运行事先创建好的相关条件查询，在条件查询中"条件表达式"的确定。

2) 操作步骤

(1) 创建空白窗体：打开"成绩管理系统.accdb"数据库，单击"创建"选项卡，在"窗体"组单击"窗体设计"，Access 自动创建一个空白的窗体并处于设计视图。

(2) 添加"教师工号"和"教师姓名"文本框：从控件工具箱中选择"文本框"控件，拖动鼠标在窗体主体中创建一个文本框，在弹出的向导对话中输入文本框名称为"教师工号"，附属标签标题为"教师工号："；再次创建一个文本框，在弹出的向导对话中输入文本框名称为"教工姓名"，附属标签标题为"教师姓名："。文本框及其附属标签均设置：前景色为黑色，背景色为白色，加粗，宋体 12 号。保存为"条件查询窗体"，如图 4-28(a)和(b)所示 。

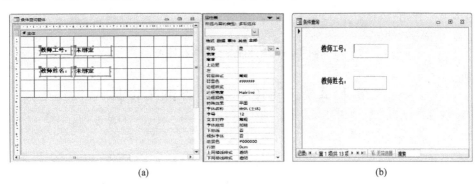

(a)　　　　　　　　　　　　　　　　　　　(b)

图 4-28　创建"教师工号""教师姓名"文本框

(3) 创建条件查询：单击"创建"选项卡，单击"查询"组中的"查询设计"，进入"查询设计视图"，添加"教师档案"数据表，在设计区域添加字段，在"条件"行"教师工号"所对应的位置输入"[Forms]![条件查询窗体]![教师工号]"。如图 4-29 (a)所示，创建完成"按教师工号查"的条件查询；用同样的方法创建"按教师姓名"的模糊查询，所不同的是"条件"行"教师姓名"所对应的位置输入"Like "*" & [Forms]![条件查询窗体]![教师姓名] & "*""，如图 4-29(b)所示。

(4) 创建"命令按钮"：切换到"条件查询窗体"设计视图，在此窗体主体节添加两个"命令按钮"，按如图 4-30(a)~(c)所示步骤创建按"教师工号"查询对应的"确定"按钮。对于按"教师姓名"查询对应"确定"按钮的创建方法与图 4-30(a)~(c)相同，只是在图 4-30(b)处选择的查询改为"按教工姓名查"即可。在窗体主体节中间偏下方创建"关闭窗体"按钮，其功能和标题设置如图 4-30(d)和(e)所示。

(5) 设置窗体属性："边框样式"为"对话框边框"，"记录选择器"为"否"，

"导航按钮"为"否"。完整的设计视图如图 4-30(f)所示。

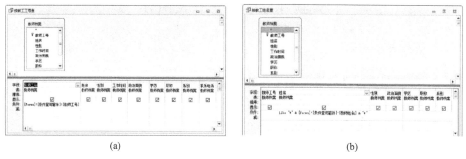

(a)　　　　　　　　　　　　　　　　　　(b)

图 4-29　创建条件查询

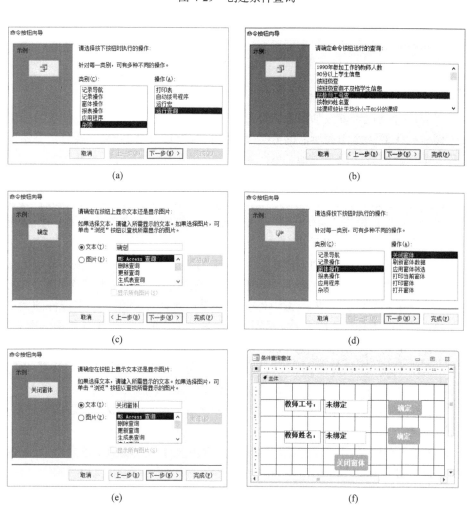

(a)　　　　　　　　　　　　　　　　　　(b)

(c)　　　　　　　　　　　　　　　　　　(d)

(e)　　　　　　　　　　　　　　　　　　(f)

图 4-30　创建"命令按钮"

实验 4.8　创建图表窗体

1. 实验目的

(1) 掌握图表控件创建图表窗体的方法。
(2) 掌握"选项卡"控件的创建方法。
(3) 掌握图表的编辑方法。

2. 实验内容

以"教师档案"表为记录源设计分页式图表窗体"教师信息统计",分 3 页分别显示各系别、各职称、各学历的教师人数。

3. 实验操作

1) 实验分析

以窗体分页式实现教师信息统计,每页中以图表的形式显示相应的统计信息,在创建过程中要注意图表所需的分类字段及统计字段。此题分类字段分别是系别、职称、学历,统计字段为教师工号。

2) 操作步骤

(1) 创建空白窗体:打开"成绩管理系统.accdb"数据库,单击"创建"选项卡,在"窗体"组单击"窗体设计",Access 自动创建一个空白的窗体并处于设计视图,适当扩大主体节的区域。

(2) 添加选项卡控件:单击控件工具箱中的"选项卡"控件,在主体节中单击,创建选项卡,并单击鼠标右键,在快捷菜单中选择"插入页",将 3 个页的标题分别设为"按系别统计"、"按职称统计"和"按学历统计",调整选项卡控件的大小。

(3) 添加图表控件:选中"按系别统计"选项卡,单击控件工具箱中的图表控件,在弹出的向导对话框中按照如图 4-31(a)~(e)所示的步骤,分别设置图表数据来源、所用字段、图表类型、图表布局和图表标题,其中(d)的图表布局需要将"教师工号"拖动到左上角。完成后的窗体效果如图 4-31(f)所示。

注意:初步建立的图表窗体在设计视图中无法看到最终效果,需切换到窗体视图中查看。

(4) 仿照(3),在"按职称统计"和"按学历统计"选项卡中依次添加图表控件,不同之处仅在于图 4-31(b)的步骤中,要将"系别"替换为"职称"和"学历"。完成后的效果图分别如图 4-32(a)和(b)所示。

(5) 设置窗体属性:"记录选择器"为"否","导航按钮"为"否","最大最小化按钮"为"无","滚动条"为"两者均无"。

(6) 图表编辑：为系别统计页的"绘图区"填充效果为"新闻纸"。

① 进入"窗体视图"，单击"按系别统计"页，然后右击鼠标"图表对象"，再单击"Edit"（或"编辑"），如图 4-33(a)所示。

② 在图 4-33(b)中右击鼠标，单击"设置绘图区格式"。

③ 在图 4-33(c)中单击"填充效果"。

④ 单击"纹理"，将光标移到"新闻纸"纹理上，再单击"确定"按钮，如图 4-33(d)所示。编辑完成后的效果如图 4-33(e)所示。

说明：若想修改图表类型，如改为饼状图，则将图 4-31(c)和(d)中依次修改为如图 4-34(a)和(b)所示，完成后双击图表区进入图表编辑状态；在绘图区单击右键

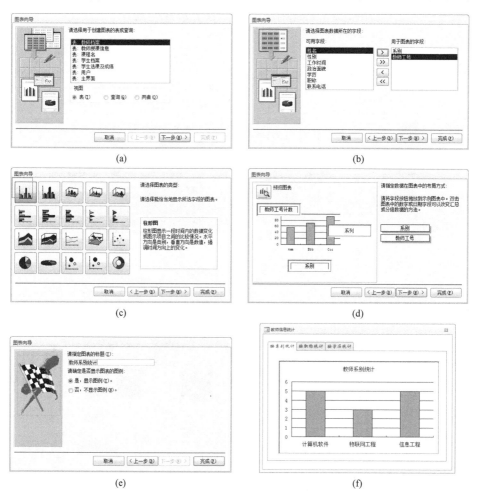

图 4-31 "按系别统计"选项卡

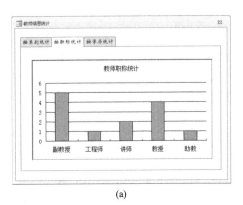

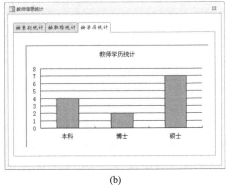

(a)

(b)

图 4-32　"按职称统计"和"按学历统计"选项卡

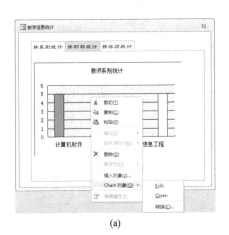

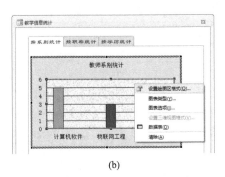

(a)

(b)

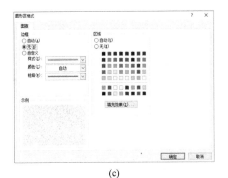

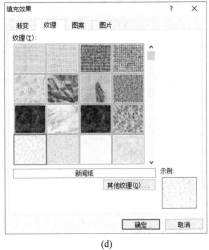

(c)

(d)

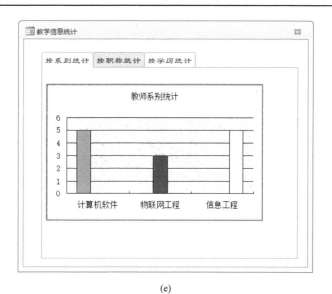

(e)

图 4-33 图表美化

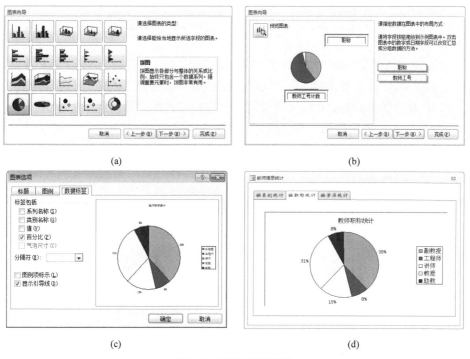

(a)   (b)

(c)   (d)

图 4-34 更改图表类型

选择"图表选项",按照图 4-34(c)所示添加百分比标签,并调整绘图区大小。完成后的"教师职称统计"饼状图如图 4-34(d)所示。

实验 4.9　使用控件创建导航窗体

1. 实验目的

掌握创建导航窗体的方法。

2. 实验内容

创建一个导航窗体，要求导航标签在左侧，单击标签可以在 8 个窗体间切换，如图 4-35 所示。

3. 实验操作

1) 实验分析

通过导航窗体将已经建好的若干窗体集成起来，实现各窗体之间的切换操作。

2) 操作步骤

(1) 打开"成绩管理系统.accdb"数据库，单击"创建"选项卡，在"窗体"组单击"导航"，选择"垂直标签，左侧"，Access 自动创建空白窗体，并处于布局视图中。

(2) 从窗体对象中将"学生档案"窗体拖动到"新建"导航标签处；再依次拖动"学生成绩录入""学生详细信息""学生综合查询"窗体到"新建"导航标签处。

(3) 双击新建标签，空出一个单元格；拖动"教师详细信息"窗体到"新建"导航标签处，再依次拖动"教师信息统计"窗体。

(4) 切换至窗体视图，完成后的效果如图 4-35 所示。

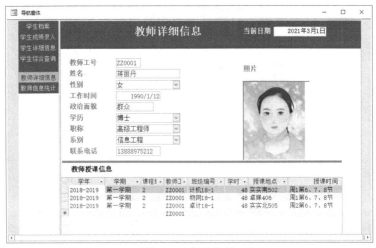

图 4-35　导航窗体

习　　题

一、选择题

1. 为窗体上的控件设置 Tab 键次序，应选择属性对话框中的＿＿＿选项卡。

A. 格式　　　　　B. 数据　　　　　C. 事件　　　　　D. 其他

2. 为命令按钮设置单击鼠标时所发生的动作，应选择其属性对话框中的＿＿＿选项卡。

A. 格式　　　　　B. 事件　　　　　C. 方法　　　　　D. 数据

3. 若要改变窗体的数据源，应设置的属性是＿＿＿。

A. 记录源　　　　B. 控件来源　　　C. 筛选查询　　　D. 默认值

4. 在“控件来源”属性中输入表达式“=[价格]*[数量]”，此控件的类型是＿＿＿。

A. 绑定型　　　　B. 非绑定型　　　C. 计算型　　　　D. 函数型

5. 使用文本框可以输入的数据是＿＿＿。

A. 只有文本型数据

B. 不能输入数字

C. 可以输入文本、数字、日期、货币、备注、超链接型数据

D. 可以输入 OLE 对象型数据

6. 一个窗体的记录源，＿＿＿。

A. 只能设定为一个表或查询

B. 只能设定为多个表

C. 只能设定为多个查询

D. 无论主窗体还是子窗体，记录源都只能设定为一个表或查询

7. 窗体“订单”上的文本框“总计”需要用到窗体上的其他两个文本框“小计”和“运货费”的值，那么它的控件来源表达式应该为“＿＿＿”。

A. =[订单].[Form]![小计]+ [订单].[Form]![运货费]

B. =[小计 Text]+[运货费 Text]

C. =[Form]![订单]![小计]+[Form]![订单]![运货费]

D. =[小计]+[运货费]

8. 窗体“订单”上的文本框“小计”需要用到子窗体“订单子窗体”中的“单价”文本框和“数量”文本框的值，那么它的控件来源表达式应该为“＿＿＿”。

A. =[单价]*[数量]

B. =[单价.Text]*[数量.Text]

C. =[Forms]![订单子窗体]![单价]*[Forms]![订单子窗体]![数量]

D. =[订单子窗体].[Form]![单价]* [订单子窗体].[Form]![数量]

9. 对于同一个数据表，它的数据表视图、对应查询的数据表视图和对应窗体的数据表视图，以下正确的是_____。

A. 三者实际是数据表的不同外在表现形式。

B. 外在表现形式可能是一样的。

C. 如果表现出来的形式一模一样，则没有必要设计出查询和窗体。

D. 三者分属于三种不同的数据库对象，作用不一样。

二、填空题

1. 窗体的数据源主要包括表和_____。

2. 对"是/否"型数据的输入，可以使用_____、_____、_____三种控件。

3. 设置窗体背景图像需设置窗体的_____属性。

4. 若要改变控件的数据来源，应设置的属性是_____。

5. 创建主/子窗体时，必须定义主/子窗体之间的_____。

6. 若看不见工具箱和字段列表，则应该单击菜单的_____，或者单击_____的相关按钮。

7. 窗体页眉/页脚内容可以在_____和_____中显示，页面页眉/页脚内容只能在_____中显示。

8. 要想使窗体中的数据在运行时不允许更改，设置窗体属性中的"_____"选项卡，其中的"允许设计更改"属性改为"_____"。

9. "产品"表中的"类别"字段的数据类型是查阅向导型，则创建窗体时，从字段列表中将该字段拖动到窗体，生成的控件类型是_____控件。

实验 5　报 表 设 计

实验 5.1　快速创建报表

1. 实验目的

掌握用报表按钮、报表向导快速创建报表的方法。

2. 实验内容

(1) 以"教师档案"表为数据源，自动创建"教师档案"报表。

(2) 以"课程名"、"学生选课及成绩"和"学生档案"表为数据源，使用"报表向导"创建"学生成绩"报表，输出学号、姓名、课程名、成绩，并输出各门课程的平均分、最低分、最高分。

3. 实验操作

1) 以"教师档案"表为数据源，自动创建"教师档案"报表

(1) 启动 Access，打开"成绩管理系统.accdb"数据库。

(2) 在 Access 导航窗格中选中"教师档案"表。

(3) 选择"创建"菜单，单击"报表"组中的"报表"按钮，"教师档案"报表自动创建完成。

(4) 单击"保存"按钮，弹出"另存为"对话框，输入报表名称"教师档案"。

2) 以"课程名"、"学生选课及成绩"和"学生档案"表为数据源，使用"报表向导"创建"学生成绩"报表，输出学号、姓名、课程名、成绩，并输出各门课程的平均分、最低分、最高分

(1) 启动 Access，打开"成绩管理系统.accdb"数据库。

(2) 选择"创建"菜单，单击"报表"组中的"报表向导"按钮，在"报表向导"对话框中选择"学生档案"表中的"学号""姓名"字段，如图 5-1 所示。再选择"课程名"表中的"课程名"字段，如图 5-2 所示。再选择"学生选课及成绩"表中的"期末"字段，如图 5-3 所示。

(3) 单击"下一步"按钮，打开"报表向导"的第二个对话框，查看方式选择"课程名"，单击"下一步"按钮，打开"报表向导"的第三个对话框，对"课程

名"进行分组设置,如图 5-4 所示。

图 5-1　选择"学生档案"表中的"学号""姓名"字段

图 5-2　选择"课程名"表中的"课程名"字段

图 5-3 选择"学生选课及成绩"表中的"期末"字段

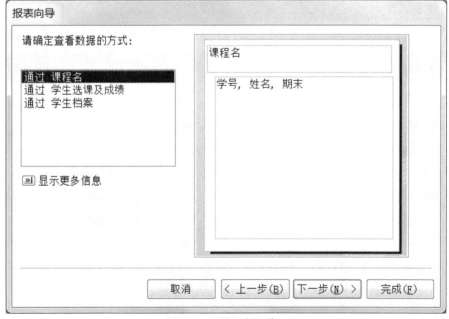

图 5-4 "课程名"分组

(4) 单击"下一步"按钮,在打开的对话框中设置排序方式为"期末",降序,如图 5-5 所示。单击"汇总选项"按钮,在打开的"汇总选项"对话框中勾选"期末"字段的"平均"、"最小"和"最大",如图 5-6 所示。单击"确定"按钮返回"排序和汇总"对话框。

图 5-5 "期末"字段的降序

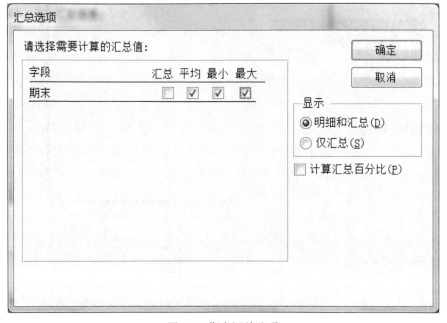

图 5-6 期末汇总选项

(5) 单击"下一步"按钮，选择布局方式。

(6) 单击"下一步"按钮，指定标题。

(7) 单击"完成"按钮，命名为"学生成绩"，其报表视图结果如图 5-7 所示。

课程名	学号	姓名	期末
信息安全数学基础			
	20180500124	杨娅	94
	20180500126	唐松	92
	20180500124	徐盛	85
	20180500127	汪帆	84
	20180500127	陈春华	83
	20180500126	孙尧	80
	20180500126	王晓雨	78
	20180500126	郑昊	44

汇总 '课程编号' ＝ 10（8 项明细记录）

平均值	80
最小值	44
最大值	94

图 5-7　按课程查看平均分(平均值)、最低分(最小值)、最高分(最大值)

实验 5.2　创建标签报表

1. 实验目的

(1) 理解标签报表的用途。

(2) 掌握使用"标签向导"创建出满足实际要求的标签报表。

2. 实验内容

以"教师档案"表作为数据源，创建"教师名片"标签报表。

3. 实验操作

(1) 打开"成绩管理系统.accdb"数据库，在"导航"窗格中选定"教师档案"表。

(2) 选择"创建"选项卡"报表"组中的"标签"按钮，打开"标签向导"的第一个对话框，如图 5-8 所示，选择默认的型号 C2166。

(3) 单击"下一步"按钮，在打开的对话框中设置文本为 14 号加粗宋体，如图 5-9 所示。

图 5-8　设置标签尺寸

图 5-9　设置文本字体和颜色

(4) 单击"下一步"按钮，在打开的对话框中设置原型标签，在原型标签的第一行输入"工号:"，输入三个空格后，双击可用字段中的"教师工号"，单击 Enter 键，用同样的方法输入其他各行，如图 5-10 所示。

(5) 单击"下一步"按钮，在打开的对话框中选择"教师工号"，将其作为排序依据，如图 5-11 所示。

图 5-10　设置原型标签

图 5-11　选择排序字段

(6) 单击"下一步"按钮，在打开的对话框中输入报表的名称"教师名片"，如图 5-12 所示。

图 5-12　指定报表名称

(7) 单击"完成"按钮，打开报表的预览视图，如图 5-13 所示。

(8) 关闭预览视图，完成标签报表设计。

工号：	ZZ0001		工号：	ZZ0002
姓名：	蒋丽丹		姓名：	李钰湘
性别：	女		性别：	女
政治面貌：	群众		政治面貌：	群众
学历：	博士		学历：	本科
职称：	高级工程师		职称：	讲师
联系电话：138********			联系电话：130********	

工号：	ZZ0003		工号：	ZZ0004
姓名：	杨旭		姓名：	胡洁
性别：	男		性别：	女
政治面貌：	党员		政治面貌：	党员
学历：	硕士		学历：	硕士
职称：	副教授		职称：	教授
联系电话：135********			联系电话：137********	

图 5-13　报表预览视图

实验 5.3　使用"设计视图"创建报表

1. 实验目的

(1) 掌握使用报表"设计视图"创建基本报表的方法。

(2) 掌握报表"设计视图"中控件的应用方法。

2. 实验内容

(1) 使用设计视图创建"学生档案信息"报表，并统计出所有学生人数。

(2) 显示不同的页码格式，为页面页眉设置红色的分隔线。

3. 实验操作

(1) 打开"成绩管理系统.accdb"数据库，选择"创建"选项卡，单击"报表"组中的"报表设计"命令，在设计视图中的主体节上单击右键，添加报表页眉和页脚项，如图 5-14 所示。

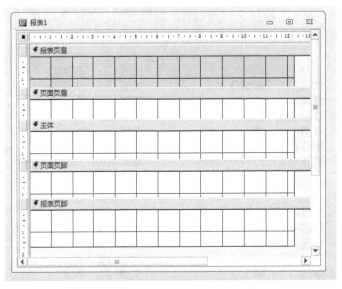

图 5-14　报表设计视图

(2) 在报表页眉中添加标签控件，输入"学生档案信息"，单击"报表设计工具"栏中的"格式"选项卡，设置字体为宋体、18 号、加粗。

(3) 单击"报表设计工具"→"设计"→"工具"组中的"添加现有字段"按钮，如图 5-15 所示。

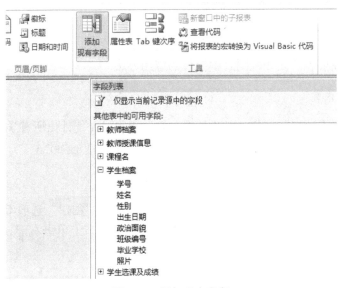

图 5-15　添加现有字段

(4) 将右侧字段列表"学生档案"下的"学号"字段拖到"主体节"中,选择"学号"附属标签,剪切后粘贴到"页面页眉"节中,其他所有字段用同样方法完成,页面页眉节中的标签与主体节中的字段名称一致并对齐,如图 5-16 所示。

图 5-16 学生档案信息设计视图

(5) 单击"直线"控件,在页面页眉的标签下方画一条分隔线,单击"报表设计工具"栏中的"格式"选项卡,单击"形状轮廓",设置线的颜色为红色,线宽为 4pt。学生档案信息报表视图如图 5-17 所示。

图 5-17 学生档案信息报表视图

(6) 用控件添加字段的方法：单击"标签"控件，在页面页眉的"班级编号"标签后添加一个"毕业学校"标签。单击"文本框"控件，在主体节的"班级编号"后添加一个"未绑定"文本框，把"文本框"控件的附属标签删除，如图 5-18 所示。

图 5-18　添加未绑定控件

(7) 将"未绑定"文本框绑定到毕业学校字段的方法：单击"报表"选定器，在报表属性窗格中单击"数据"选项卡，在记录源右侧的选项中选择"学生档案"。单击"未绑定"文本框，在属性窗格中单击"数据"选项卡，在"控件来源"右侧的选项中选择"毕业学校"，如图 5-19 所示。

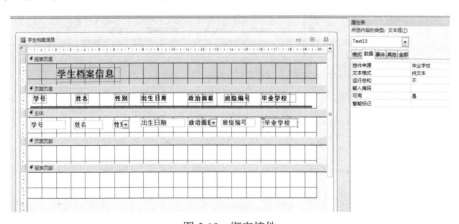

图 5-19　绑定控件

(8) 在"页面页脚"添加页码的方法：在"页面页脚"区域添加一个文本框控件，显示"未绑定"，删除左边的标签。单击"未绑定"控件，在属性窗格中单击

"数据"选项卡,在"控件来源"右侧的选项中选择"事件生成器",在窗口中选择"表达式生成器",单击"确定"按钮,在"表达式元素"中选择"通用表达式",则出现 3 种页码的表示方法,如图 5-20 所示。选择"页码",单击"确定"按钮。

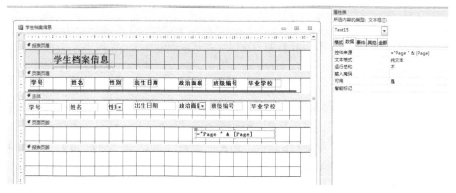

图 5-20 页码表示方法

(9) 在"报表页脚"添加计算控件的方法:在"报表页脚"区域添加一个文本框控件,显示"未绑定",在左边的标签中输入"学生人数",在"未绑定"文本框中输入"=Count([学号])",如图 5-21 所示。报表视图如图 5-22 所示。

(10) 将报表保存为"学生档案信息"。

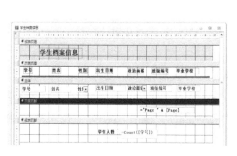

图 5-21 报表页脚计算控件

图 5-22 报表视图统计学生人数

实验 5.4 使用"设计视图"创建分组统计报表

1. 实验目的

(1) 掌握使用报表"设计视图"创建分组的方法。

(2) 掌握使用报表"设计视图"组页脚中计算控件的使用方法。

2. 实验内容

(1) 在实验 5.3"学生档案信息"报表的基础上，创建"按班级分组"报表，使其按班级打印学生信息，并统计出各班学生人数。

(2) 在"按班级分组"报表的基础上，创建"按班级编号的前两位分组"报表，使其按班级打印学生信息，并统计出各班学生人数。

3. 实验操作

(1) 打开"成绩管理系统.accdb"数据库，复制"学生档案信息"，命名为"按班级分组"，在设计视图中打开"按班级分组"报表。

(2) "按班级分组"的操作方法：单击"设计"选项卡"分组和汇总"组中的"分组和排序"按钮，在打开的"分组、排序和汇总"窗格中，单击"添加组"按钮，在"选择字段"下拉列表框中选择"班级编号"；单击"更多"，将组页脚设置为"有组页脚"，如图 5-23 所示。

图 5-23　分组选项设置

(3) 班级编号页眉节的设置：将主体节中的"班级编号"文本框复制到班级编号页眉节中，调整班级编号页眉节的高度，使其紧靠"班级编号"文本框的下边沿。

(4) 班级编号页脚节设置：在班级编号页脚节区添加一个文本框控件，将其附属标签的标题改为"班级人数："，在文本框中输入"=Count([学号])"，调整班级编号页脚节的高度，使其紧靠"班级人数"文本框的下边沿，保存 "按班级分组"报表。

(5) 打印预览报表。

(6) 按班级的前两个字符分组操作方法：复制"按班级分组"报表，命名为"按班级编号的前两位分组"，在打开的"分组、排序和汇总"窗格中，将"按整个值"改为"按前两个字符"，如图 5-24 所示。

(7) 班级编号页眉节的设置：将主体节中的"班级编号"文本框复制到班级编号页眉节中，将文本框的内容修改为"=Mid([班级编号],1,2)"，并修改边框样式为透明，如图 5-25 所示。保存"按班级编号的前两位分组"报表。

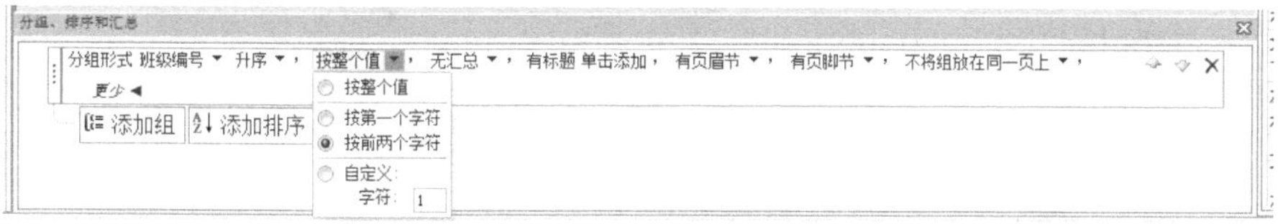

图 5-24　分组选项设置

图 5-25　显示班级编号前两位设置

(8) 运行报表视图。

实验 5.5　创建图表报表

1. 实验目的

掌握图表的创建方法。

2. 实验内容

创建一个必修课程平均分的查询,应用查询结果创建一个"必修课平均分图"的报表。

3. 实验操作

(1) 创建一个必修课程期末平均分的查询，如图 5-26 所示。

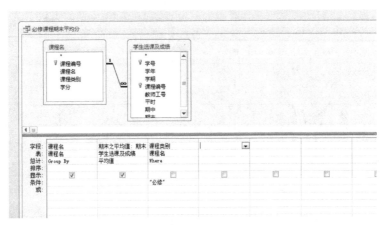

图 5-26　必修课程期末平均分的查询

(2) 打开"成绩管理系统.accdb"数据库，选择"创建"选项卡，单击"报表"组中的"报表设计"命令。

(3) 使用控件向导，单击"图表"按钮，在报表主体节中画一个放置图表的区域，在图表向导窗体中选中"查询"，选择"必修课程期末平均分"的查询，如图 5-27 所示。

图 5-27　图表向导

(4) 单击"下一步"，选择所有字段，再单击"下一步"，选择图表类型"柱形图"，单击"下一步"，指定数据在图表中的布局方式，如图 5-28 所示。

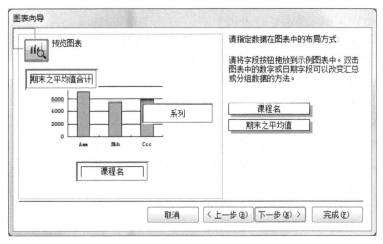

图 5-28 指定数据在图表中的布局方式

(5) 单击"下一步",指定图表标题为"**必修课程期末平均分**",单击"完成"。

(6) 打开报表视图,查看图表,如图 5-29 所示。

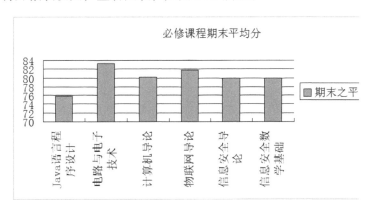

图 5-29 平均成绩图

习　　题

一、选择题

1. 报表的标题放在报表对象的(　　)。

A. 报表页眉　　　　　　B. 报表页脚

C. 主体　　　　　　　　D. 页面页眉

2. 报表统计记录个数的函数是(　　)。

A. sum()　　　　　　　B. count()

C. avg()　　　　　　　　D. mid()

3. 如果要使报表的标题在每一页上都显示，应该放在(　　)。

A. 报表页眉　　　　　　B. 页面页眉

C. 组页眉　　　　　　　D. 页面页脚

4. 在报表最后一页主体内容之后输出的信息应设置在(　　)节中。

A. 报表页眉　　　　　　B. 报表页脚

C. 页面页脚　　　　　　D. 页面页眉

5. 报表统计计算中，如果是进行分组统计并输出，则统计计算控件应该放置在(　　)节区内的相应位置。

A. 主体　　　　　　　　B. 报表页脚

C. 页面页眉　　　　　　D. 组页脚

二、填空题

1. 报表的数据源来自_____、_____和 SQL 语句。

2. 报表插入图表后在_____中显示。

3. 报表有_____、_____、_____和_____四种视图。

4. 报表分组后会显示_____和_____两个节。

5. 报表页眉的内容打印输出时只显示在_____。

三、简答题

1. 报表分节有什么意义？如何添加没有显示的节？

2. 创建报表的方式有哪几种？各有什么优点？

3. 要实现报表的分组分页打印，该如何设置？

4. 如何为报表指定记录源？

实验 6 宏与 VBA 的应用

实验 6.1 宏 的 应 用

1. 实验目的

(1) 掌握 Access 中创建宏的方法。
(2) 掌握常用的宏操作。
(3) 了解 Access 中宏的应用。

2. 实验内容

创建不同类型的宏。

创建宏组"登录的宏实现",完成"登录 VBA 实现"窗体的各个命令按钮的功能。

3. 实验操作

1) 创建独立宏

(1) 打开"成绩管理系统.accdb"数据库,单击"创建"选项卡下"宏与代码"组中的"宏"按钮,进入"宏生成器"窗口,创建默认名称为"宏 1"的宏。

(2) 单击"添加新操作"下拉按钮,选择"OpenForm"选项,在"窗体名称"中单击下拉按钮选择"教师档案 h"。

(3) 在宏名称"宏 1"上右击,选择"保存"按钮,打开"另存为"对话框,输入宏名称"打开教师档案 h 窗体",单击"确定"按钮。

2) 创建条件操作宏

(1) 打开"成绩管理系统.accdb"数据库,单击"创建"选项卡"窗体"组中的"窗体设计"按钮,创建名称为"条件操作宏实例"的窗体,如图 6-1 所示。

(2) 进入"宏生成器"窗口,创建名称为"判断输入数"的宏。

(3) 如图 6-2 所示。单击"添加新操作"下拉按钮,选择"If"选项,在"If"后面的条件表达式输入框中输入"0<CInt([Forms]![条件操作宏实例]![Text0])",在"Then"下面的"添加新操作"下拉按钮中选择"MessageBox"选项,在"消息"中输入"你输入的数>0!"。

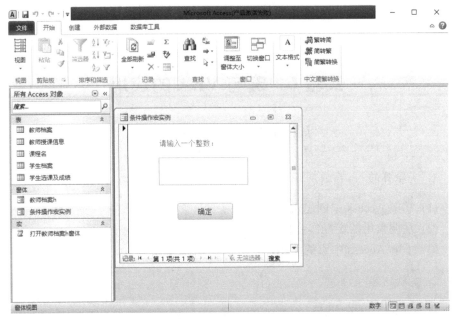

图 6-1　条件操作宏

(4) 在"添加新操作"后面单击"添加 Else If",在"Else If"后面的条件表达式输入框中输入"0>CInt([Forms]![条件操作宏实例]![Text0])",在"Then"下面的"添加新操作"下拉按钮中选择"MessageBox"选项,在"消息"中输入"你输入的数<0!"。在"添加新操作"后面单击"添加 Else",在"添加新操作"下拉按钮中选择"MessageBox"选项,在"消息"中输入"你输入的数=0!"。

(5) 进入"条件操作宏实例"窗体设计视图,为"确定"按钮的单击事件属性添加宏"判断输入数"。进入窗体视图,任意输入一个整数,测试结果。

3) 创建嵌入的宏

(1) 打开"成绩管理系统.accdb"数据库,展开导航窗格。

(2) 右击"教师档案 h"窗体,选择"设计视图"选项。

(3) 在窗体"页眉"节中添加"关闭"按钮,在其"事件"选项卡下单击"单击"右侧

图 6-2　判断输入数

的按钮，打开"选择生成器"，选择"宏生成器"，单击"确定"按钮。

(4) 自动创建嵌入宏，添加"CloseWindow"操作。

(5) 保存该宏。打开窗体视图，测试"关闭"按钮功能。

4) 宏的应用

(1) 打开"成绩管理系统"数据库，单击"创建"选项卡"窗体"组中的"窗体设计"按钮，创建名称为"登录 VBA 实现"的窗体，如图 6-3 所示(注意控件的名称，后面要使用)。

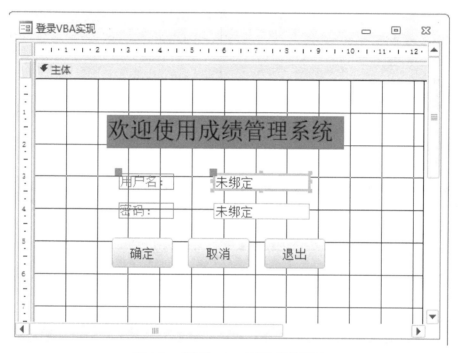

图 6-3　"登录 VBA 实现"窗体界面

(2) 进入"宏生成器"窗口，创建名称为"登录的宏实现"的宏组。

(3) 双击"程序流程"目录下 Submacro 选项，添加子宏"sub1"，将"sub1"改为"确定"。

(4) 单击"添加新操作"下拉按钮，选择"If"，在"条件表达式"文本框中输入"[Text1].[Value]="admin" And [Text2].[Value]="admin""，在下一行的"添加新操作"中选择"OpenForm"选项，"窗体名称"选择"主窗体 h"。

(5) 在"End If"下一行单击"添加新操作"下拉按钮，选择"If"，在"条件表达式"文本框中输入"[Text1].[Value]<>"admin" Or [Text2].[Value]<>"admin""，在下一行的"添加新操作"中选择"MessageBox"选项，各参数的设置如图 6-4 所示。

(6) 在 "End If" 下一行单击 "添加新操作" 下拉按钮, 选择 "If", 在 "条件表达式" 文本框中输入 "[Text1].[Value]<>"admin" Or [Text2].[Value]<>"admin"", 在下一行的 "添加新操作" 中选择 "SetValue" 选项(如果没有该选项, 那么可以单击工具栏上的 "显示所有操作" 按钮), 各参数的设置如图 6-5 所示。

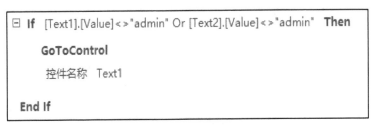

图 6-4　参数设置 1　　　　　　　　　　图 6-5　参数设置 2

(7) 继续在 "End If" 下一行单击 "添加新操作" 下拉按钮, 选择 "If", 在 "条件表达式" 文本框中输入 "[Text1].[Value]<>"admin" Or [Text2].[Value]<>"admin"", 在下一行的 "添加新操作" 中选择 "GoToControl" 选项, 各参数的设置如图 6-6 所示。

```
☐ If  [Text1].[Value]<>"admin" Or [Text2].[Value]<>"admin"  Then

     GoToControl
        控件名称  Text1

   End If
```

图 6-6　参数设置 3

(8) 双击 "程序流程" 目录下的 Submacro 选项, 添加子宏 "sub2", 将 "sub2" 改为 "取消"。单击 "添加新操作" 下拉按钮, 选择 "CloseWindow"。

(9) 双击 "程序流程" 目录下 Submacro 选项, 添加子宏 "sub3", 将 "sub3" 改为 "退出"。单击 "添加新操作" 下拉按钮, 选择 "QuitAccess"。

(10) 在宏名称 "宏 1" 上右击, 选择 "保存" 按钮, 输入宏名称 "登录的宏实现", 单击 "确定" 按钮。

(11) 接下来将宏附加到 "登录 VBA 实现" 窗体的控件上。

(12) 打开 "登录 VBA 实现" 窗体, 选择 "设计视图" 选项。

(13) 在窗体中选择 "确定" 按钮, 在 "事件" 选项卡单击 "单击" 右侧的下拉按钮，选择"登录的宏实现.确定"，如图 6-7 所示。

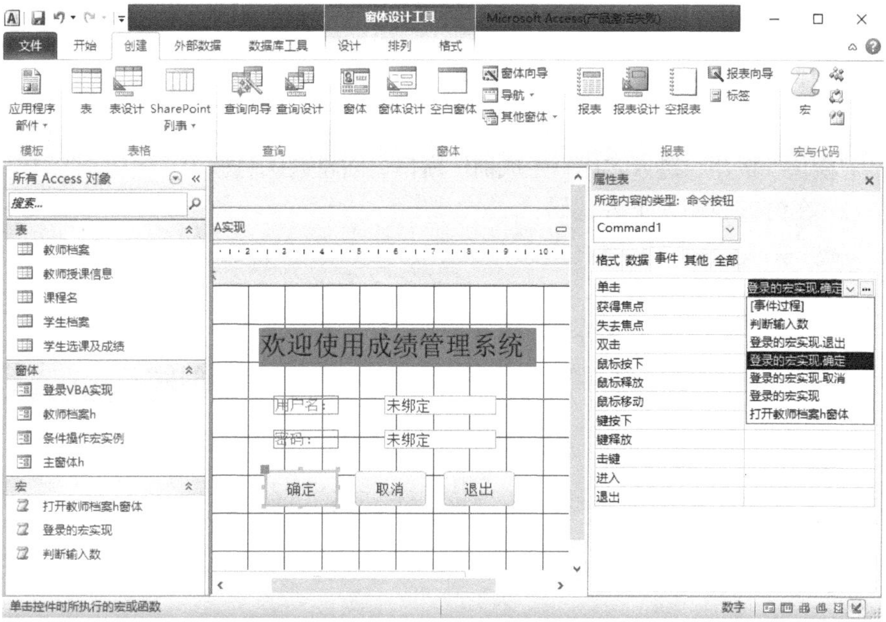

图 6-7　"事件"选项卡设置

(14) 选择"取消"按钮，在"事件"选项卡单击"单击"右侧的下拉按钮，选择"登录的宏实现.取消"。选择"退出"按钮，在"事件"选项卡单击"单击"右侧的下拉按钮选择"登录的宏实现.退出"。

(15) 切换到窗体视图，分别在用户名和密码输入框中输入不同的值，测试结果(只有用户名和密码均为 admin 时，才能进入主窗体)。

实验 6.2　VBA 程序设计实验

1. 实验目的

(1) 掌握 Access 中创建模块和过程的方法。
(2) 掌握数据库访问的方法。
(3) 掌握 ADO 的使用方法。

2. 实验内容

(1) 标准模块和过程的建立：创建不同功能的模块和过程。
(2) 常用数据库的调用，完善设计窗体"登录 VBA 实现"，功能是引导"成绩管理系统.accdb" 的登录。

3. 实验操作

1) 创建标准模块并运行

(1) 打开 "成绩管理系统.accdb" 数据库, 单击 "创建" 选项卡 "宏与代码" 组中的 "模块" 按钮, 进入 "代码生成器" 窗口, 创建默认名称为 "模块 1" 的模块。

(2) 在窗口中输入下列代码:

```
Option Compare Database
Public Sub main()
  Dim x As Integer
  x = InputBox("请输入要转换为大写汉字的 0～9 的数字: ")
  Debug.Print vtoc(x)
End Sub
Public Function vtoc(x As Integer) As String
  Dim cResult As String
  Dim n As String
  cResult = ""
  n = "零壹贰叁肆伍陆柒捌玖"
  cResult = Mid(n, x + 1, 1)
  vtoc = cResult
End Function
```

(3) 单击 "运行" 中的 "运行子过程", 运行 main, 可以在窗口中查看结果。

2) 完善设计窗体 "登录 VBA 实现"

(1) 打开 "成绩管理系统.accdb" 数据库, 进入窗体 "登录 VBA 实现 2" 设计视图。

(2) 选择 "确定" 按钮控件, 在 "属性表" 窗口中单击 "单击" 右侧的 ⋯ 按钮。

(3) 选择 "代码生成器" 选项, 单击 "确定" 按钮, 在打开的 VBA 编辑器中输入如下代码:

```
Private Sub Command1_Click()
  Dim strpassword, strusername As String
  Dim flag As Integer
  Dim cn As New ADODB.Connection
  Dim rs As New ADODB.Recordset
  Dim sql As String
```

```
    Set cn = CurrentProject.Connection
    flag = 0
    If IsNull(Me.Text1) Then
       MsgBox "请输入用户名！"
       Me.Text1.SetFocus
       Exit Sub
    End If
     '从"用户"表里读取用户名和密码
    sql = "select * from 用户"
    rs.Open  sql,  cn,  adOpenDynamic,  adLockOptimistic,
adCmdText
    '循环判断用户名是否存在，密码是否正确
    Do Until rs.EOF
       strusername = rs("用户名")
       strpassword = rs("密码")
       If  UCase(Me.Text1.Value)  <>  UCase(strusername)
       Then
          rs.MoveNext
       '若相等，说明用户名存在，可以跳出循环
       Else
          flag = 1
          Exit Do
       End If
    Loop
    'flag=0 说明用户名不存在，进行处理
    '设置文本框的内容为空，"确定"键不可用，焦点设在 Text1
    If flag = 0 Then
       MsgBox "没有这个用户名，请重新输入"
       Me.Text2.Value = ""
       Me.Text1.Value = ""
       Me.Text1.SetFocus
       Exit Sub
    '若 flag=1 ，说明所输入的用户名存在，进一步比较密码是否正确
    '若密码出错，则设置 Text1 的内容不变，Text2 的内容为空
    '若密码出错，则"确定"键不可用，并把焦点设在 Text2
```

```
        Else
            If IsNull(Me.Text2) Then
                MsgBox "请输入密码！"
                Me.Text2.SetFocus
                Exit Sub
            End If
            If  UCase(Me.Text2.Value)  <>  UCase(strpassword)
            Then
                MsgBox ("密码错误，请重新输入")
                Me.Text2.Value = ""
                Me.Text2.SetFocus
                Exit Sub
            End If
        End If
        '用户名和密码都正确，打开"主窗体"窗体
        DoCmd.Close
        DoCmd.OpenForm "主窗体 h"
End Sub
```

(4) 用同样的方法为"取消"按钮编写如下代码：

```
Private Sub Command2_Click()
    '设置"取消"键的事件过程
    '单击取消后，文本框的内容为空，"确定"键不能用
On Error GoTo Err_login_cancel_Click
    DoCmd.Close
Exit_login_cancel_Click:
    Exit Sub
Err_login_cancel_Click:
    MsgBox Err.Description
    Resume Exit_login_cancel_Click
End Sub
```

(5) 用同样的方法为"退出"按钮编写如下代码：

```
Private Sub Command3_Click()
'单击"退出"按钮，退出 Access
    DoCmd.Quit
End Sub
```

(6) 保存窗体。切换到窗体视图，输入不同的用户名和密码，查看结果。

习　　题

一、选择题

1. 以下哪个数据库对象可以一次执行多个操作(　　)。

A. 数据访问页　　　　　B. 菜单　　　　　C. 宏　　　　　D. 报表

2. 无论创建何类宏，一定进行的是(　　)。

A. 确定宏名　　　　　　　　　　　B. 设置宏条件

C. 选择宏操作　　　　　　　　　　D. 以上皆是

3. 用于打开查询和报表的宏命令分别是(　　)。

A. OpenForm　　OpenReport　　　　B. OpenReport　　　Messagebox

C. SetValue　　Close　　　　　　　D. Openquery　　　OpenReport

4. 用于打开窗体的宏命令是(　　)。

A. OpenForm　　　　　　　　　　B. Openreport

C. SetValue　　　　　　　　　　　D. RunApp

5. 在宏表达式中要引用 Form1 窗体中的 txt1 控件的值，正确的引用方法是(　　)。

A. Form1!txt1　　　　　　　　　　B. txt1

C. Forms!Form1!txt1　　　　　　　D. Forms!txt1

6. 在 Access 2010 中的 VBA 过程中，要运行宏可以使用 Docmd 对象的(　　)方法。

A. Open　　　　　B. RunMacro　　　C. Query　　　　D. Close

7. 为窗体或报表的控件设置属性值的正确宏操作命令是(　　)。

A. Set　　　　　B. SetData　　　　C. SetValue　　　D. SetWarnings

8. 条件宏的条件项是一个(　　)。

A. 字段列表　　　　　　　　　　　B. 算术表达式

C. 逻辑表达式　　　　　　　　　　D. SQL 语句

9. 下列语句中，定义窗体的加载事件过程的头语句是(　　)。

A. Private Sub Form_Chang()　　　　B. Private Sub Form_Load()

C. Private Sub Form_LostFocus()　　　D. Private Sub Form_Open()

10. RunSQL 命令用于(　　)。

A. 执行指定的 SQL 语句　　　　　　B. 执行指定的外部应用程序

C. 退出 Access　　　　　　　　　　D. 设置属性值

二、填空题

1. 宏的使用一般是通过窗体、报表中的_____实现的。

2. 有多个操作构成的宏，执行时按_____依次执行。

3. MessageBox 命令用于_____。

4. StopMacro 命令用于_____。

5. FindRecord 命令用于_____。

习 题 答 案

实验 1

一、选择题

1. A	2. A	3. D	4. A	5. B
6. A	7. C	8. A	9. B	10. C
11. C	12. A	13. C	14. B	15. D
16. C	17. A	18. A	19. D	20. B
21. B	22. B	23. D	24. B	25. C

二、填空题

1. 表　　　　 2. 输入掩码　　　 3. 表之间的关系、实施参照完整性

4. 自动编号　 5. 表的设计　　 6. 字段名称　　 7. 限制条件

8. 主键或索引　9. 数据类型　　10. 64KB　　　　11. 1 个

12. 文本　备注　数字　日期/时间　货币　是/否　OLE 对象　超链接　查阅向导　自动编号

三、略

实验 2

一、选择题

1. C	2. C	3. D	4. B	5. A
6. D	7. B	8. C	9. C	10. A

二、填空题

1. 查询　　　　 2. 数据表、运行(!)　　　　　3. 数据源

4. 更新　　　　 5. 数据表、其他已创建好的查询

实验 3

一、选择题

1. A　　　2. C　　　3. B　　　4. D　　　5. A

二、填空题

1. 操纵语言、查询语言、控制语言　　2. SELECT
3. DELETE、INSERT、UPDATE
4. NULL　　　　　　　　　　　　5. LIKE、*、?

三、操作题

1. SELECT DISTINCT 学号,课程编号,期末 FROM 学生选课及成绩 WHERE 期末<60；
2. SELECT * FROM 学生档案 WHERE 姓名 LIKE "*天*" ；
3. SELECT 课程编号,COUNT(学号) AS 人数
FROM 学生选课及成绩 GROUP BY 课程编号 HAVING COUNT(学号)>=5；
4. SELECT 性别，COUNT(学号) AS 人数 FROM 学生档案 GROUP BY 性别；
5. SELECT 学生档案.学号,学生档案.姓名,学生选课及成绩.期末
FROM 学生档案 INNER JOIN 学生选课及成绩
ON 学生档案.学号=学生选课及成绩.学号
WHERE 期末<60 ORDER BY 期末 DESC

实验 4

一、选择题

1. D　2. B　3. A　4. C　5. C　6. D　7. D　8. D　9. D

二、填空题

1. 查询　　　　　　2. 复选框、选项按钮、切换按钮
3. 图片　　　　　　4. 控件来源　　　5. 链接关系
6. 视图、工具栏　　7. 窗体视图、打印窗体、打印窗体

8. 其他、仅设计视图　　9. 组合框

实验 5

一、选择题

1. A　2. B　3. B　4. B　5. D

二、填空题

1. 表 、查询　　　　　2. 报表视图
3. 报表视图、打印预览、布局视图、设计视图
4. 分组页眉、分组页脚　　5. 报表首页顶部

实验 6

一、选择题

1. C　2. D　3. D　4. A　5. C　6. B　7. C　8. D　9. B　10. A

二、填空题

1. 命令按钮控件　　　　　2. 操作的排列次序
3. 显示警告或提示信息　　4. 停止当前正在运行的宏
5. 查找符合 FindRecord 参数指定条件的数据的第一个实例

参 考 文 献

曹青，邱李华，郭志强.2018. 数据库技术与应用简明教程——Access 2010 版. 北京：中国
    铁道出版社.

曹小震.2016. Access 2010 数据库应用案例教程. 北京：清华大学出版社.

陈丽花，李其芳，徐娟，等.2014. 程序设计及数据库编程教程(含实践教程). 北京：科学出
    版社.

高雅娟，张媛，张梅.2013. Access 2010 数据库实例教程. 北京：北京交通大学出版社.

何立群.2014. 数据库技术应用实践教程(Access 2010). 北京：高等教育出版社.

何玉洁.2019. 数据库原理及应用.3 版. 北京：机械工业出版社.

教育部考试中心.2015a. 全国计算机等级考试二级教程：Access 数据库程序设计(2016 年版). 北
    京：高等教育出版社.

教育部考试中心.2015b. 全国计算机等级考试二级教程：公共基础知识(2016 年版). 北京：高等
    教育出版社.

李潜.2018. 计算机技术基础教程(Access). 北京：中国铁道出版社.

刘卫国.2015. 数据库技术与应用. 北京：清华大学出版社.

刘雨潇，项东升.2018. Access 数据库程序设计. 北京：中国铁道出版社.

彭弘毅，李盼盼，刘永芬.2019. Access 2010 数据库应用教程. 北京：清华大学出版社.

钱丽璞.2013. Access 2010 数据库管理：从新手到高手. 北京：中国铁道出版社.

王珊，萨师煊.2014. 数据库系统概论.5 版. 北京：高等教育出版社.

王月敏，杨玉志，陈莉.2017. Access 数据库技术与应用教程(微视频版). 上海：上海交通大学出
    版社.

吴敏，张乐，束云刚.2017. Access 数据库技术与应用实验及学习指导(微视频版). 上海：上海交
    通大学出版社.

项东升，刘雨潇.2018. Access 数据库程序设计实践教程. 北京：中国铁道出版社.

徐卫克.2012. Access 2010 基础教程. 北京：中国原子能出版社.

张强，杨玉明.2011. Access 2010 中文版入门与实例教程. 北京：电子工业出版社.

赵燕飞，李娅.2018. Access 数据库基础与应用实验指导. 上海：上海交通大学出版社.

赵燕飞，李娅，丛秋实.2018. Access 数据库基础与应用教程. 上海：上海交通大学出版社.